教科書ガイド

ガイド

啓林館 版

深進数学Ⅰ

TEXT

BOOK

GUIDE

文研出版

目 次

第1章　数と式

第1節　多項式

1 多項式とその加法，減法

問 1 次の単項式の次数と係数を答えよ。

教科書 **p.8**　(1) $-2x$　　(2) x^2　　(3) $-x^2y^2$

ガイド 掛け合わせている文字の個数をその単項式の**次数**，数の部分を**係数**という。

解答 (1) 次数は 1，係数は -2　(2) 次数は 2，係数は 1
(3) 次数は 4，係数は -1

問 2 次の単項式の [ ] 内の文字に着目したときの次数と係数を答えよ。

教科書 **p.8**　(1) $5x^3y$ $[x]$, $[y]$　　(2) axy $[x]$, $[y]$

ガイド 特定の文字に着目して係数や次数を考えることがある。この場合，他の文字は数と同じように扱う。

解答 (1) $[x]$ 次数は 3，係数は $5y$　(2) $[x]$ 次数は 1，係数は ay
$[y]$ 次数は 1，係数は $5x^3$　$\quad\quad$ $[y]$ 次数は 1，係数は ax

問 3 次の多項式の同類項をまとめよ。また，この多項式は x について何次の多項式か答えよ。

教科書 **p.9**　(1) $3x^2-5x+6-5x^2+2x-3$　(2) $x^3-2x^2+x-x^3+3x-1$

ガイド 多項式において，文字の部分が同じである項を**同類項**という。同類項をまとめて整理した多項式において，各項の次数のうちで最大のものをその多項式の**次数**といい，次数が n の多項式を **n 次式**という。

解答 (1) $3x^2-5x+6-5x^2+2x-3$
$=(3-5)x^2+(-5+2)x+(6-3)=-2x^2-3x+3$
x について **2 次**の多項式（x についての 2 次式）である。

(2) $x^3-2x^2+x-x^3+3x-1$

$\quad =(1-1)x^3-2x^2+(1+3)x-1=-2x^2+4x-1$

$\quad x$ について **2次の多項式** (x についての2次式) である。

問 4 次の多項式を，[ ]内の文字に着目したときの次数と定数項を答えよ。

教科書 **p.9**

(1) $x^3-x^2y^2$ $[x]$, $[y]$　　　　(2) $x^3+ax^2y+axy^2+y^3$ $[x]$, $[y]$

ガイド 　2種類以上の文字を含む多項式では，特定の文字に着目して，他の文字は数と同じように扱うことがある。このとき，着目する文字を含まない項を**定数項**という。

解答 (1) $[x]$ **次数は** 3，**定数項はない**　　　$[y]$ **次数は** 2，**定数項は** x^3

(2) $[x]$ **次数は** 3，**定数項は** y^3　　　$[y]$ **次数は** 3，**定数項は** x^3

問 5 次の多項式を x について降べきの順に整理せよ。

教科書 **p.10**

(1) $x^2-3x-1-2x^2+5x-4$　　　　(2) $2bx+x^3+5c-ax^2+bx$

ガイド 　多項式は，ある特定の文字に着目し，$2x^2+3x+4$ のように各項を次数の高い方から順に並べて整理することが多い。このことを**降べきの順に整理する**という。

解答 (1) $x^2-3x-1-2x^2+5x-4$

$\quad =(1-2)x^2+(-3+5)x+(-1-4)=-x^2+2x-5$

(2) $2bx+x^3+5c-ax^2+bx$

$\quad =x^3-ax^2+(2b+b)x+5c=x^3-ax^2+3bx+5c$

⚠注意 　たとえば，(1)について，$-5+2x-x^2$ のように次数の低い方から順に並べることもある。このことを**昇べきの順に整理する**という。

問 6 次の多項式を x について降べきの順に整理し，各項の係数と定数項を答えよ。

教科書 **p.10**

(1) $x^2+2xy+y^2-3x-3y+2$　　　(2) $-3x^2-xy+2y^2-2x+y-1$

ガイド 文字 x に着目して同類項をまとめ，次数の高い方から順に並べる。

解答 (1) 　x について降べきの順に整理すると，

$\quad x^2+(2y-3)x+(y^2-3y+2)$

$\quad x^2$ **の係数は** 1，　x **の係数は** $2y-3$，　**定数項は** y^2-3y+2

(2) x について降べきの順に整理すると，

$$-3x^2-(y+2)x+(2y^2+y-1)$$

x^2 **の係数は** -3，x **の係数は** $-(y+2)$，**定数項は** $2y^2+y-1$

◢問 7 $A=2x^3-3x^2+x-1$，$B=-x^3+2x^2+2$ のとき，次の式を計算せよ。

教科書
p.10
(1) $A+B$ (2) $A-B$

(3) $2A-3B$ (4) $3A-4B-(A-B)$

- -

ガイド 多項式を定数倍するときは，各項の係数を定数倍する。このとき，
符号を間違えないようにかっこでくくっておく。

解答▶ (1) $A+B=(2x^3-3x^2+x-1)+(-x^3+2x^2+2)$
$\qquad\qquad =(2-1)x^3+(-3+2)x^2+x+(-1+2)$
$\qquad\qquad =\boldsymbol{x^3-x^2+x+1}$

(2) $A-B=(2x^3-3x^2+x-1)-(-x^3+2x^2+2)$
$\qquad\qquad =2x^3-3x^2+x-1+x^3-2x^2-2$
$\qquad\qquad =(2+1)x^3+(-3-2)x^2+x+(-1-2)$
$\qquad\qquad =\boldsymbol{3x^3-5x^2+x-3}$

(3) $2A-3B=2(2x^3-3x^2+x-1)-3(-x^3+2x^2+2)$
$\qquad\qquad =4x^3-6x^2+2x-2+3x^3-6x^2-6$
$\qquad\qquad =(4+3)x^3+(-6-6)x^2+2x+(-2-6)$
$\qquad\qquad =\boldsymbol{7x^3-12x^2+2x-8}$

(4) $3A-4B-(A-B)$
$\quad =3A-4B-A+B=2A-3B$
$\qquad$ したがって，(3)の結果により，　$\boldsymbol{7x^3-12x^2+2x-8}$

> もとの式に直接代入せずに，
> まずは A, B についての1次式を
> 計算するんだね。

別解▶ (1), (2)のように，和や差を求める場合は，次のように，同類項を上
下に並べて行ってもよい。

(1) $A+B$

$$
\begin{array}{r}
2x^3-3x^2+x-1 \\
+)-x^3+2x^2+2 \\
\hline
x^3-x^2+x+1
\end{array}
$$

(2) $A-B$

$$
\begin{array}{r}
2x^3-3x^2+x-1 \\
-)-x^3+2x^2+2 \\
\hline
3x^3-5x^2+x-3
\end{array}
$$

2　多項式の乗法

問 8　次の計算をせよ。

教科書
p.11

(1)　$a^3 \times 4a^5$

(2)　$(a^4)^2 \times (-3a)^2$

(3)　$(-2x^3y^2)^3$

(4)　$x^2y \times (-3x^3y^2)^2$

ガイド　n 個の a の積を a^n と書き，a の n 乗と読む。また，n を a^n の**指数**という。

a, a^2, a^3, ……をまとめて，a の**累乗**という。

> **ここがポイント**　☞　[指数法則]
>
> m, n が正の整数のとき，
>
> $\boxed{1}$　$a^m \times a^n = a^{m+n}$　　　　$\boxed{2}$　$(a^m)^n = a^{mn}$
>
> $\boxed{3}$　$(ab)^n = a^n b^n$

単項式の乗法では，数の部分，それぞれの文字の部分で分けて計算してから，最後にそれらを掛け合わせるとよい。

解答

(1)　$a^3 \times 4a^5 = 4 \times a^3 \times a^5 = 4a^{3+5} = \boldsymbol{4a^8}$

(2)　$(a^4)^2 \times (-3a)^2 = a^{4\times2} \times (-3)^2 \times a^2$
$= a^8 \times 9 \times a^2 = 9 \times a^{8+2} = \boldsymbol{9a^{10}}$

(3)　$(-2x^3y^2)^3 = (-2)^3 \times (x^3)^3 \times (y^2)^3 = -8x^{3\times3}y^{2\times3} = \boldsymbol{-8x^9y^6}$

(4)　$x^2y \times (-3x^3y^2)^2 = x^2y \times (-3)^2 \times x^{3\times2} \times y^{2\times2}$
$= x^2y \times 9x^6y^4 = 9x^{2+6}y^{1+4} = \boldsymbol{9x^8y^5}$

a^2 を a の平方，
a^3 を a の立方
ともいうよ。

問 9　次の式を展開せよ。

教科書
p.12

(1)　$x^2(x^2-3x+4)$

(2)　$(xy+3)x^2y$

ガイド　多項式の積は，次の分配法則を用いて計算する。

$$A(B+C) = AB+AC \qquad (A+B)C = AC+BC$$

多項式の積を計算して，単項式の和の形に表すことを**展開する**という。

解答

(1)　$x^2(x^2-3x+4) = x^2 \cdot x^2 + x^2 \cdot (-3x) + x^2 \cdot 4 = \boldsymbol{x^4-3x^3+4x^2}$

(2)　$(xy+3)x^2y = xy \cdot x^2y + 3 \cdot x^2y = \boldsymbol{x^3y^2+3x^2y}$

問 10 次の式を展開せよ。

教科書
p.12
(1)　$(2x+1)(3x+4)$　　　　　　(2)　$(3x-1)(2x^2-x+5)$

(3)　$(2x^2-4xy+y^2)(2x-y)$

ガイド　分配法則を用いて展開し，同類項があればまとめ，x について降べ
きの順に整理する。

(1)　$3x+4$ を1つのものと考え，これを A とすると，

$$(2x+1)(3x+4)=(2x+1)A=2xA+A$$
$$=2x(3x+4)+(3x+4)$$

のように考えるとよい。

解答　(1)　$(2x+1)(3x+4)=2x(3x+4)+(3x+4)$
$$=6x^2+8x+3x+4$$
$$=\boldsymbol{6x^2+11x+4}$$

(2)　$(3x-1)(2x^2-x+5)=3x(2x^2-x+5)-(2x^2-x+5)$
$$=6x^3-3x^2+15x-2x^2+x-5$$
$$=\boldsymbol{6x^3-5x^2+16x-5}$$

(3)　$(2x^2-4xy+y^2)(2x-y)=2x^2(2x-y)-4xy(2x-y)+y^2(2x-y)$
$$=4x^3-2x^2y-8x^2y+4xy^2+2xy^2-y^3$$
$$=\boldsymbol{4x^3-10x^2y+6xy^2-y^3}$$

別解　(1)　$(2x+1)(3x+4)=(2x+1)\cdot3x+(2x+1)\cdot4$
$$=6x^2+3x+8x+4$$
$$=\boldsymbol{6x^2+11x+4}$$

(2)
$$
\begin{array}{r}
3x\phantom{{}^2}-1\phantom{{}+5} \\
\times)\,2x^2-x+5 \\
\hline
6x^3-2x^2\phantom{{}+5} \\
-3x^2+x\phantom{{}-5} \\
15x-5 \\
\hline
\boldsymbol{6x^3-5x^2+16x-5}
\end{array}
$$

(3)
$$
\begin{array}{r}
2x^2-4xy+y^2 \\
\times)\,2x\phantom{{}^2}-y\phantom{{}^2} \\
\hline
4x^3-8x^2y+2xy^2 \\
-2x^2y+4xy^2-y^3 \\
\hline
\boldsymbol{4x^3-10x^2y+6xy^2-y^3}
\end{array}
$$

式を上下に並べて計算するときは，
各式をあらかじめ x について降べ
きの順に整理しておこう。

問 11 次の式を展開せよ。

教科書 **p.13**

(1) $(5x+4y)^2$ 　　　　(2) $(2a-5)^2$

(3) $(3x-2)(3x+2)$ 　　　(4) $(x-4y)(x+2y)$

ガイド

ここがポイント ☞ ［乗法公式（Ⅰ）］

① $(a+b)^2=a^2+2ab+b^2$
$(a-b)^2=a^2-2ab+b^2$ 　　（平方公式）

② $(a+b)(a-b)=a^2-b^2$ 　　（和と差の積）

③ $(x+a)(x+b)=x^2+(a+b)x+ab$

解答

(1) $(5x+4y)^2=(5x)^2+2\cdot5x\cdot4y+(4y)^2=25x^2+40xy+16y^2$

(2) $(2a-5)^2=(2a)^2-2\cdot2a\cdot5+5^2=4a^2-20a+25$

(3) $(3x-2)(3x+2)=(3x+2)(3x-2)=(3x)^2-2^2=9x^2-4$

(4) $(x-4y)(x+2y)=x^2+\{(-4y)+2y\}x+(-4y)\cdot2y$
$=x^2-2xy-8y^2$

問 12 次の式を展開せよ。

教科書 **p.13**

(1) $(3x+1)(x+2)$ 　　　(2) $(2x-3)(3x+2)$

(3) $(x-2y)(5x-y)$ 　　　(4) $(2ab+1)(ab-3)$

ガイド

ここがポイント ☞ ［乗法公式（Ⅱ）］

④ $(ax+b)(cx+d)=acx^2+(ad+bc)x+bd$

解答

(1) $(3x+1)(x+2)=3\cdot1x^2+(3\cdot2+1\cdot1)x+1\cdot2$
$=3x^2+7x+2$

(2) $(2x-3)(3x+2)=2\cdot3x^2+\{2\cdot2+(-3)\cdot3\}x+(-3)\cdot2$
$=6x^2-5x-6$

(3) $(x-2y)(5x-y)=1\cdot5x^2+\{1\cdot(-y)+(-2y)\cdot5\}x$
$+(-2y)\cdot(-y)$
$=5x^2-11xy+2y^2$

(4) $(2ab+1)(ab-3)=2\cdot1(ab)^2+\{2\cdot(-3)+1\cdot1\}ab+1\cdot(-3)$
$=2a^2b^2-5ab-3$

問 13 次の式を展開せよ。

教科書
p.14　(1)　$(a+b-c)^2$　　　(2)　$(x-2y+3z)^2$　　　(3)　$(x^2+x+1)^2$

ガイド

> **ここがポイント** 👉
>
> $$(a+b+c)^2=a^2+b^2+c^2+2ab+2bc+2ca$$

解答 (1)　$(a+b-c)^2=a^2+b^2+(-c)^2+2\cdot a\cdot b+2\cdot b\cdot(-c)+2\cdot(-c)\cdot a$
$$=a^2+b^2+c^2+2ab-2bc-2ca$$

(2)　$(x-2y+3z)^2=x^2+(-2y)^2+(3z)^2+2\cdot x\cdot(-2y)$
$$+2\cdot(-2y)\cdot3z+2\cdot3z\cdot x$$
$$=x^2+4y^2+9z^2-4xy-12yz+6zx$$

(3)　$(x^2+x+1)^2=(x^2)^2+x^2+1^2+2\cdot x^2\cdot x+2\cdot x\cdot1+2\cdot1\cdot x^2$
$$=x^4+x^2+1+2x^3+2x+2x^2$$
$$=x^4+2x^3+3x^2+2x+1$$

⚠注意　文字が2種類である項は，右のような順に並べる
場合が多い。これを**輪環の順**に表記するという。

プラスワン　上の公式は，次のように示される。
$$(a+b+c)^2=\{(a+b)+c\}^2=(a+b)^2+2(a+b)c+c^2$$
$$=a^2+2ab+b^2+2ac+2bc+c^2$$

問 14 次の式を展開せよ。

教科書
p.15　(1)　$(a-b+c)(a-b-c)$　　　(2)　$(x-2y+3)(x+2y-3)$
(3)　$(x^2+x+1)(x^2-x+1)$

ガイド　乗法公式 $(a+b)(a-b)=a^2-b^2$ が使えるように，2つの式に共
通する部分を探し，1つのまとまりとみて考える。

解答 (1)　$(a-b+c)(a-b-c)=\{(a-b)+c\}\{(a-b)-c\}$
$$=(a-b)^2-c^2$$
$$=a^2-2ab+b^2-c^2$$

(2)　$(x-2y+3)(x+2y-3)=\{x-(2y-3)\}\{x+(2y-3)\}$
$$=x^2-(2y-3)^2$$
$$=x^2-(4y^2-12y+9)$$
$$=x^2-4y^2+12y-9$$

(3)　$(x^2+x+1)(x^2-x+1)=\{(x^2+1)+x\}\{(x^2+1)-x\}$
$$=(x^2+1)^2-x^2$$
$$=x^4+2x^2+1-x^2$$
$$=\boldsymbol{x^4+x^2+1}$$

■問 15　次の式を展開せよ。

教科書 **p.15**

(1)　$(x-2)(x-3)(x+2)(x+3)$　　　(2)　$(x-2)(x+2)(x^2+4)$

(3)　$(x+y)^2(x-y)^2$　　　(4)　$(x+1)(x+2)(x+3)(x+4)$

ガイド　掛ける組み合わせを工夫する。

(4)　$(x+1)$ と $(x+4)$, $(x+2)$ と $(x+3)$ の組み合わせで計算すると,
$$(x+1)(x+4)=x^2+5x+4$$
$$(x+2)(x+3)=x^2+5x+6$$
より, x^2+5x を共通する部分として, 積が計算しやすくなる。

解答　(1)　$(x-2)(x-3)(x+2)(x+3)=(x-2)(x+2)\times(x-3)(x+3)$
$$=(x^2-4)(x^2-9)$$
$$=\boldsymbol{x^4-13x^2+36}$$

(2)　$(x-2)(x+2)(x^2+4)=(x^2-4)(x^2+4)$
$$=\boldsymbol{x^4-16}$$

(3)　$(x+y)^2(x-y)^2=\{(x+y)(x-y)\}^2$
$$=(x^2-y^2)^2$$
$$=\boldsymbol{x^4-2x^2y^2+y^4}$$

(4)　$(x+1)(x+2)(x+3)(x+4)=(x+1)(x+4)\times(x+2)(x+3)$
$$=(x^2+5x+4)(x^2+5x+6)$$
$$=\{(x^2+5x)+4\}\{(x^2+5x)+6\}$$
$$=(x^2+5x)^2+10(x^2+5x)+24$$
$$=x^4+10x^3+25x^2+10x^2+50x+24$$
$$=\boldsymbol{x^4+10x^3+35x^2+50x+24}$$

別解　(1)　$(x-2)(x-3)(x+2)(x+3)=(x^2-5x+6)(x^2+5x+6)$
$$=\{(x^2+6)-5x\}\{(x^2+6)+5x\}$$
$$=(x^2+6)^2-(5x)^2$$
$$=x^4+12x^2+36-25x^2$$
$$=\boldsymbol{x^4-13x^2+36}$$

3　因数分解

問16 次の式を因数分解せよ。

教科書 p.16

(1) $2x^3y^2+4x^2y-2xy$　　(2) $x(y+5)-3(y+5)$

(3) $(a-b)x+(b-a)y$　　(4) $xy-x-y+1$

ガイド 多項式Pを2つ以上の多項式A，B，……の積の形に表すことを**因数分解**するといい，各多項式A，B，……を，それぞれPの**因数**という。因数分解の基本は，

$$AB+AC=A(B+C)\qquad AC+BC=(A+B)C$$

を使って，その共通因数をかっこの外にくくり出すことである。

(2)〜(4)では，共通する式を1つのまとまりとみる。

(3) $b-a=-(a-b)$ と考える。

(4) まず，xについて整理してみる。

解答 (1) $2x^3y^2+4x^2y-2xy=2xy\cdot x^2y+2xy\cdot 2x-2xy\cdot 1$
$$=\boldsymbol{2xy(x^2y+2x-1)}$$

(2) $x(y+5)-3(y+5)=\boldsymbol{(x-3)(y+5)}$

(3) $(a-b)x+(b-a)y=(a-b)x-(a-b)y=\boldsymbol{(a-b)(x-y)}$

(4) $xy-x-y+1=(y-1)x-(y-1)=\boldsymbol{(x-1)(y-1)}$

問17 次の式を因数分解せよ。

教科書 p.17

(1) $16x^2+24xy+9y^2$　　(2) $4x^2-20xy+25y^2$

(3) $a^2-6a-16$　　(4) $a^2-11ab+24b^2$

(5) $x^2+ax-20a^2$　　(6) $3a^2b-12b^3$

ガイド

ここがポイント　[因数分解の公式（Ⅰ）]

$\boxed{1}$　　$a^2+2ab+b^2=(a+b)^2$　　（和の平方になる）
　　　　$a^2-2ab+b^2=(a-b)^2$　　（差の平方になる）

$\boxed{2}$　　$a^2-b^2=(a+b)(a-b)$　　（和と差の積になる）

$\boxed{3}$　　$x^2+(a+b)x+ab=(x+a)(x+b)$

(6)では，まず，共通因数をくくり出してから，公式を適用する。

解答 (1) $16x^2+24xy+9y^2=(4x)^2+2\cdot 4x\cdot 3y+(3y)^2=\boldsymbol{(4x+3y)^2}$

(2) $4x^2-20xy+25y^2=(2x)^2-2\cdot 2x\cdot 5y+(5y)^2=\boldsymbol{(2x-5y)^2}$

(3) $a^2-6a-16=a^2+(2-8)a+2\cdot(-8)=(\boldsymbol{a+2})(\boldsymbol{a-8})$

(4) $a^2-11ab+24b^2=a^2+(-3b-8b)a+(-3b)\cdot(-8b)$
$$=(\boldsymbol{a-3b})(\boldsymbol{a-8b})$$

(5) $x^2+ax-20a^2=x^2+(-4a+5a)x+(-4a)\cdot 5a$
$$=(\boldsymbol{x-4a})(\boldsymbol{x+5a})$$

(6) $3a^2b-12b^3=3b\cdot a^2+3b\cdot(-4b^2)=3b(a^2-4b^2)$
$$=3b\{a^2-(2b)^2\}=\boldsymbol{3b(a+2b)(a-2b)}$$

問 18 　次の式を因数分解せよ。

教科書 **p.18**

(1) $4x^2+7x+3$　　　　(2) $5x^2-2x-3$

(3) $8x^2-10x+3$　　　　(4) $12x^2+xy-6y^2$

(5) $6a^2-17ab-14b^2$　　(6) $4x^2+5ax-6a^2$

ガイド

ここがポイント ☞ ［因数分解の公式（Ⅱ）］

$\boxed{4}$　$\boldsymbol{acx^2+(ad+bc)x+bd=(ax+b)(cx+d)}$

$\begin{array}{l}a\diagdown b\longrightarrow bc\\c\diagup d\longrightarrow ad\\\hline ac\quad bd\quad ad+bc\end{array}$ 左図のような計算方法で, a, b, c, d の組み合わせを見つける。この方法を たすき掛けという。

たとえば，$2x^2-x-3$ の因数分解を考えてみよう。

$2x^2-x-3=(ax+b)(cx+d)$ と因数分解できるとする。

右辺を展開すると，$\boxed{4}$より，$acx^2+(ad+bc)x+bd$ であるから，

$ac=2$ より，1×2, $(-1)\times(-2)$

$bd=-3$ より，$1\times(-3)$, $(-1)\times 3$

などの分解が考えられる。

$\begin{array}{l}1\diagdown\quad 1\rightarrow\ \ 2\\2\diagup\ -3\rightarrow -3\\\hline 2\quad\ -3\quad -1\end{array}$

このうち，$ad+bc=-1$ を満たす組み合わせは，

$a=1$, $b=1$, $c=2$, $d=-3$

よって，$2x^2-x-3=(x+1)(2x-3)$

解答

(1) $4x^2+7x+3$
$$=(\boldsymbol{x+1})(\boldsymbol{4x+3})$$

$\begin{array}{l}1\diagdown\quad 1\rightarrow 4\\4\diagup\quad 3\rightarrow 3\\\hline 4\quad\ \ 3\quad\ 7\end{array}$

(2) $5x^2-2x-3$
$$=(\boldsymbol{x-1})(\boldsymbol{5x+3})$$

$\begin{array}{l}1\diagdown\ -1\rightarrow -5\\5\diagup\quad 3\rightarrow\ \ 3\\\hline 5\quad\ -3\quad -2\end{array}$

(3) $8x^2-10x+3$
$=(2x-1)(4x-3)$

$$\begin{array}{ccc} 2 & -1 \to & -4 \\ 4 & -3 \to & -6 \\ \hline 8 & 3 & -10 \end{array}$$

(4) $12x^2+xy-6y^2$
$=(3x-2y)(4x+3y)$

$$\begin{array}{ccc} 3 & -2y \to & -8y \\ 4 & 3y \to & 9y \\ \hline 12 & -6y^2 & y \end{array}$$

(5) $6a^2-17ab-14b^2$
$=(2a-7b)(3a+2b)$

$$\begin{array}{ccc} 2 & -7b \to & -21b \\ 3 & 2b \to & 4b \\ \hline 6 & -14b^2 & -17b \end{array}$$

(6) $4x^2+5ax-6a^2$
$=(x+2a)(4x-3a)$

$$\begin{array}{ccc} 1 & 2a \to & 8a \\ 4 & -3a \to & -3a \\ \hline 4 & -6a^2 & 5a \end{array}$$

問19 次の式を因数分解せよ。

教科書 **p.18**　(1) $(x+2y+1)(x+2y-2)-4$　　(2) x^4-5x^2+4

ガイド (1)では，$x+2y$ を1つのまとまりとみてから，まず展開してみる。
(2)では，$x^2=A$ とみると，因数分解の公式が適用できる。

解答 (1) $(x+2y+1)(x+2y-2)-4=\{(x+2y)+1\}\{(x+2y)-2\}-4$
$=(x+2y)^2-(x+2y)-2-4=(x+2y)^2-(x+2y)-6$
$=\{(x+2y)+2\}\{(x+2y)-3\}=(x+2y+2)(x+2y-3)$
(2) $x^4-5x^2+4=(x^2)^2-5x^2+4=(x^2-1)(x^2-4)$
$=(x+1)(x-1)(x+2)(x-2)$

プラスワン $x^2=X$ とおくと，Xについて
の2次式 aX^2+bX+c となる式
すなわち，ax^4+bx^2+c の形の式を
複2次式という。

因数分解は，
これ以上分解できない形に
なるまで続けよう。

問20 次の式を因数分解せよ。

教科書 **p.19**　(1) $x^3+x^2y+x^2+xy-2x-2y$　　(2) $a^3+ab-ac^2+bc$

ガイド 2つ以上の文字を含む多項式では，最も次数の低い文字に着目して
整理すると，因数分解がしやすくなることがある。

解答▶ (1)　$x^3+x^2y+x^2+xy-2x-2y=(x^2+x-2)y+(x^3+x^2-2x)$

$\qquad =(x^2+x-2)y+x(x^2+x-2)=(x^2+x-2)(x+y)$

$\qquad =\boldsymbol{(x-1)(x+2)(x+y)}$

(2)　$a^3+ab-ac^2+bc=(a+c)b+(a^3-ac^2)$

$\qquad =(a+c)b+a(a^2-c^2)=(a+c)b+a(a+c)(a-c)$

$\qquad =(a+c)\{b+a(a-c)\}=\boldsymbol{(a+c)(a^2-ac+b)}$

◢問 21　次の式を因数分解せよ。

教科書
p.19
(1)　$x^2+3xy+2y^2-x-3y-2$

(2)　$3x^2-2xy-y^2-11x-y+6$

- -

ガイド　$x,\ y$ のどちらの文字についても 2 次式である場合は，たとえば，x
について整理する。

解答▶ (1)　$x^2+3xy+2y^2-x-3y-2$

$\qquad =x^2+(3y-1)x+(2y^2-3y-2)$

$\qquad =x^2+(3y-1)x+(y-2)(2y+1)$

$\qquad =\{x+(y-2)\}\{x+(2y+1)\}$

$\qquad =\boldsymbol{(x+y-2)(x+2y+1)}$

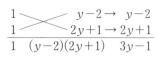

(2)　$3x^2-2xy-y^2-11x-y+6$

$\qquad =3x^2+(-2y-11)x-(y^2+y-6)$

$\qquad =3x^2+(-2y-11)x-(y-2)(y+3)$

$\qquad =\{x-(y+3)\}\{3x+(y-2)\}$

$\qquad =\boldsymbol{(x-y-3)(3x+y-2)}$

係数が多項式の場合の
たすき掛けの因数分解
と考えられるね。

┃プラスワン┃　(1)は，$y-2 \to a$，$2y+1 \to b$ とみると，

$\qquad (y-2)+(2y+1)=3y-1\ (=a+b)$ なので，

公式　$x^2+(a+b)x+ab=(x+a)(x+b)$

を適用した因数分解と捉えることもできる。

参考　3次の展開と因数分解　〈発展〉 数学Ⅱ

問 1
教科書 **p.20**

$(a+b)^3=(a+b)(a+b)^2$, $(a-b)^3=(a-b)(a-b)^2$ と考えて，

次の乗法公式 ①, ② が成り立つことを確かめよ。

① $(a+b)^3=a^3+3a^2b+3ab^2+b^3$

② $(a-b)^3=a^3-3a^2b+3ab^2-b^3$

- -

ガイド $(a+b)^2=a^2+2ab+b^2$, $(a-b)^2=a^2-2ab+b^2$

であることを利用する。

解答
① $(a+b)^3=(a+b)(a+b)^2$
$=(a+b)(a^2+2ab+b^2)$
$=a(a^2+2ab+b^2)+b(a^2+2ab+b^2)$
$=a^3+2a^2b+ab^2+a^2b+2ab^2+b^3$
$=a^3+3a^2b+3ab^2+b^3$

② $(a-b)^3=(a-b)(a-b)^3$
$=(a-b)(a^2-2ab+b^2)$
$=a(a^2-2ab+b^2)-b(a^2-2ab+b^2)$
$=a^3-2a^2b+ab^2-a^2b+2ab^2-b^3$
$=a^3-3a^2b+3ab^2-b^3$

┃プラスワン┃ ① の等式を確かめた後，この等式の b を $-b$ におき換えると，②の等式が得られる。②の確認はこのようにしてもよい。

問 2 次の式を展開せよ。
教科書 **p.20**

(1) $(x+3)^3$ 　　　(2) $(x-2)^3$ 　　　(3) $(3x-2y)^3$

- -

ガイド

ここがポイント 👉 **[3次の乗法公式]**
① $(a+b)^3=a^3+3a^2b+3ab^2+b^3$
② $(a-b)^3=a^3-3a^2b+3ab^2-b^3$

解答 (1) $(x+3)^3=x^3+3\cdot x^2\cdot 3+3\cdot x\cdot 3^2+3^3$
$=\boldsymbol{x^3+9x^2+27x+27}$

(2) $(x-2)^3=x^3-3\cdot x^2\cdot 2+3\cdot x\cdot 2^2-2^3$
$=\boldsymbol{x^3-6x^2+12x-8}$

(3) $(3x-2y)^3=(3x)^3-3\cdot(3x)^2\cdot2y+3\cdot3x\cdot(2y)^2-(2y)^3$
$$=27x^3-54x^2y+36xy^2-8y^3$$

問 3 次の因数分解の公式 ③, ④ が成り立つことを，右辺を展開することで

教科書 **p.20** 確かめよ。
③ $a^3+b^3=(a+b)(a^2-ab+b^2)$
④ $a^3-b^3=(a-b)(a^2+ab+b^2)$

ガイド 右辺を展開して計算した結果が左辺と同じ式になることを示す。

解答 ③ $(a+b)(a^2-ab+b^2)=a(a^2-ab+b^2)+b(a^2-ab+b^2)$
$$=a^3-a^2b+ab^2+a^2b-ab^2+b^3$$
$$=a^3+b^3$$
④ $(a-b)(a^2+ab+b^2)=a(a^2+ab+b^2)-b(a^2+ab+b^2)$
$$=a^3+a^2b+ab^2-a^2b-ab^2-b^3$$
$$=a^3-b^3$$

問 4 次の式を因数分解せよ。

教科書 **p.20**
(1) x^3-1　　　　(2) $8x^3+27y^3$　　　　(3) $27a^3-64b^3$

ガイド

ここがポイント ☞ [3次の因数分解の公式]
③ $a^3+b^3=(a+b)(a^2-ab+b^2)$
④ $a^3-b^3=(a-b)(a^2+ab+b^2)$

＋ や － の前後の式を，○³ の形にしてから公式を適用する。

解答 (1) $x^3-1=x^3-1^3$
$$=(x-1)(x^2+x\cdot1+1^2)$$
$$=(x-1)(x^2+x+1)$$
(2) $8x^3+27y^3=(2x)^3+(3y)^3$
$$=(2x+3y)\{(2x)^2-2x\cdot3y+(3y)^2\}$$
$$=(2x+3y)(4x^2-6xy+9y^2)$$
(3) $27a^3-64b^3=(3a)^3-(4b)^3$
$$=(3a-4b)\{(3a)^2+3a\cdot4b+(4b)^2\}$$
$$=(3a-4b)(9a^2+12ab+16b^2)$$

節末問題 | 第1節　多項式

1
教科書
p.21

$P=2x^2+x-1$, $Q=-4x^2+4x+2$ のとき，次の計算をせよ。

(1) $P-Q$　　　　　　　(2) $5(P-2Q)-(3P-7Q)$

ガイド (2) まず，P, Q について整理してから代入する。

解答 (1) $P-Q=(2x^2+x-1)-(-4x^2+4x+2)$
$=2x^2+x-1+4x^2-4x-2$
$=(2+4)x^2+(1-4)x+(-1-2)=\boldsymbol{6x^2-3x-3}$

(2) $5(P-2Q)-(3P-7Q)=5P-10Q-3P+7Q$
$=2P-3Q$
$=2(2x^2+x-1)-3(-4x^2+4x+2)$
$=4x^2+2x-2+12x^2-12x-6$
$=(4+12)x^2+(2-12)x+(-2-6)$
$=\boldsymbol{16x^2-10x-8}$

2
教科書
p.21

次の計算をせよ。

(1) $2xy^4z\times(-x^3yz^2)^2$　　　　(2) $8b^3\times\left(\dfrac{1}{6}a^2\right)^3\times(-3ab^2)^3$

ガイド 指数法則を用いる。数の計算と文字の計算を分けて行うとよい。

解答 (1) $2xy^4z\times(-x^3yz^2)^2=2xy^4z\times(-1)^2\times x^{3\times2}\times y^2\times z^{2\times2}$
$=2\times1\times xy^4z\times x^6y^2z^4$
$=2x^{1+6}y^{4+2}z^{1+4}$
$=\boldsymbol{2x^7y^6z^5}$

(2) $8b^3\times\left(\dfrac{1}{6}a^2\right)^3\times(-3ab^2)^3=8b^3\times\left(\dfrac{1}{6}\right)^3\times a^{2\times3}\times(-3)^3\times a^3\times b^{2\times3}$
$=8b^3\times\left(\dfrac{1}{6}\right)^3a^6\times(-3)^3a^3b^6$
$=\left\{8\times\left(\dfrac{1}{6}\right)^3\times(-3)^3\right\}a^{6+3}b^{3+6}$
$=\boldsymbol{-a^9b^9}$

補足 (2) $8\times\left(\dfrac{1}{6}\right)^3\times(-3)^3=-\dfrac{\overset{1}{\cancel{8}}\times\overset{1}{\cancel{3}}\times\overset{1}{\cancel{3}}\times\overset{1}{\cancel{3}}}{\underset{2}{\cancel{6}}\times\underset{2}{\cancel{6}}\times\underset{2}{\cancel{6}}}=-1$

☑ **3**

教科書
p.21

次の式を展開せよ。

(1) $(x+3)(2x^2-x-2)$ 　　　 (2) $(x-1)(x^3+x^2+x+1)$

(3) $(2k+5)(k-3)$ 　　　 (4) $(a-2b-3)^2$

(5) $(x^2-x+1)(x^2-3x+1)$ 　　　 (6) $(2x-y+z)(2x+y-z)$

(7) $(x^2+y^2)(x+y)(x-y)$ 　　　 (8) $(x-1)(x-2)(x+3)(x+6)$

ガイド 乗法公式などを工夫して用いる。

解答▶　(1) $(x+3)(2x^2-x-2)=x(2x^2-x-2)+3(2x^2-x-2)$
$$=2x^3-x^2-2x+6x^2-3x-6$$
$$=\boldsymbol{2x^3+5x^2-5x-6}$$

(2) $(x-1)(x^3+x^2+x+1)=x(x^3+x^2+x+1)-(x^3+x^2+x+1)$
$$=x^4+x^3+x^2+x-x^3-x^2-x-1$$
$$=\boldsymbol{x^4-1}$$

(3) $(2k+5)(k-3)=2\cdot1k^2+\{2\cdot(-3)+5\cdot1\}k+5\cdot(-3)=\boldsymbol{2k^2-k-15}$

(4) $(a-2b-3)^2$
$$=a^2+(-2b)^2+(-3)^2+2\cdot a\cdot(-2b)+2\cdot(-2b)\cdot(-3)+2\cdot(-3)\cdot a$$
$$=a^2+4b^2+9-4ab+12b-6a$$
$$=\boldsymbol{a^2+4b^2-4ab-6a+12b+9}$$

(5) $(x^2-x+1)(x^2-3x+1)=\{(x^2+1)-x\}\{(x^2+1)-3x\}$
$$=(x^2+1)^2-4x(x^2+1)+3x^2$$
$$=x^4+2x^2+1-4x^3-4x+3x^2$$
$$=\boldsymbol{x^4-4x^3+5x^2-4x+1}$$

(6) $(2x-y+z)(2x+y-z)=\{2x-(y-z)\}\{2x+(y-z)\}$
$$=(2x)^2-(y-z)^2$$
$$=4x^2-(y^2-2yz+z^2)$$
$$=\boldsymbol{4x^2-y^2+2yz-z^2}$$

(7) $(x^2+y^2)(x+y)(x-y)=(x^2+y^2)(x^2-y^2)$
$$=(x^2)^2-(y^2)^2=\boldsymbol{x^4-y^4}$$

(8) $(x-1)(x-2)(x+3)(x+6)=(x-1)(x+6)\times(x-2)(x+3)$
$$=(x^2+5x-6)(x^2+x-6)$$
$$=\{(x^2-6)+5x\}\{(x^2-6)+x\}$$
$$=(x^2-6)^2+6x(x^2-6)+5x^2$$
$$=x^4-12x^2+36+6x^3-36x+5x^2$$
$$=\boldsymbol{x^4+6x^3-7x^2-36x+36}$$

☐ **4**
教科書 **p.21**

$(2x+1)(3x^3-2x^2+4x-1)$ を展開したとき，次のものを求めよ。

(1) x の係数 　　　　　(2) x^2 の係数

ガイド すべて展開する必要はない。求める次数の項の係数だけを計算する。

解答
(1) $2\cdot(-1)+1\cdot4=2$

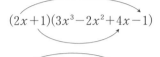

(2) $2\cdot4+1\cdot(-2)=6$

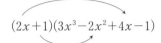

☐ **5**
教科書 **p.21**

次の式を因数分解せよ。

(1) $x^2-(y-z)^2$ 　　　　(2) $3x^2-14xy+8y^2$

(3) $abx^2-(a^2+b^2)x+ab$ 　　(4) $(x+y+1)(x-2y+1)-4y^2$

(5) $x^2+y^2+xz-yz-2xy$ 　　(6) $x^2-5xy+4y^2+x+2y-2$

ガイド
(3) たすき掛けの因数分解を考える。

(4) $x+1$ を1つのまとまりとみて，まず展開する。

(5) 次数が最も低い z について整理する。

解答
(1) $x^2-(y-z)^2=\{x+(y-z)\}\{x-(y-z)\}=(\boldsymbol{x+y-z})(\boldsymbol{x-y+z})$

(2) $3x^2-14xy+8y^2=(\boldsymbol{x-4y})(\boldsymbol{3x-2y})$

$$\begin{array}{ccc}1 & \diagdown & -4y \to -12y \\ 3 & \diagup & -2y \to \ -2y \\ \hline 3 & 8y^2 & -14y\end{array}$$

(3) $abx^2-(a^2+b^2)x+ab$

$=(\boldsymbol{ax-b})(\boldsymbol{bx-a})$

$$\begin{array}{ccc}a & \diagdown & -b \to \ -b^2 \\ b & \diagup & -a \to -a^2 \\ \hline ab & ab & -a^2-b^2\end{array}$$

(4) $(x+y+1)(x-2y+1)-4y^2=\{(x+1)+y\}\{(x+1)-2y\}-4y^2$

$=(x+1)^2-y(x+1)-2y^2-4y^2=(x+1)^2-y(x+1)-6y^2$

$=\{(x+1)-3y\}\{(x+1)+2y\}=(\boldsymbol{x-3y+1})(\boldsymbol{x+2y+1})$

(5) $x^2+y^2+xz-yz-2xy=(x-y)z+x^2-2xy+y^2$

$=(x-y)z+(x-y)^2=(x-y)\{z+(x-y)\}$

$=(\boldsymbol{x-y})(\boldsymbol{x-y+z})$

(6) $x^2-5xy+4y^2+x+2y-2=x^2+(-5y+1)x+2(2y^2+y-1)$

$=x^2+(-5y+1)x+2(y+1)(2y-1)=\{x-2(2y-1)\}\{x-(y+1)\}$

$=(\boldsymbol{x-4y+2})(\boldsymbol{x-y-1})$

第2節　実　数

1　実　数

問 22　次の有理数を小数の形で表せ。

教科書 **p.22**　(1) $\dfrac{3}{4}$　　　　(2) $\dfrac{23}{11}$　　　　(3) $\dfrac{3}{7}$

ガイド　分数 $\dfrac{m}{n}$（m, n は整数で, $n \neq 0$）の形に表される数を**有理数**という。

整数でない有理数を小数で表したとき, 小数第何位かまでで表される小数を**有限小数**, 小数部分が無限に続く小数を**無限小数**という。

無限小数のうち, 小数部分の数字が, ある位以下は同じ順序で無限に繰り返される小数を**循環小数**といい, 繰り返される部分の最初の数字と最後の数字の上に・をつけて次のように表す。

$$\frac{1}{3}=0.333\cdots\cdots=0.\dot{3} \qquad \frac{139}{270}=0.5148148148\cdots\cdots=0.51\dot{4}\dot{8}$$

解答　(1) $\dfrac{3}{4}=\textbf{0.75}$

(2) $\dfrac{23}{11}=2.090909\cdots\cdots=\textbf{2.}\dot{\textbf{0}}\dot{\textbf{9}}$

(3) $\dfrac{3}{7}=0.428571428571\cdots\cdots=\dot{\textbf{0}}\textbf{.}\dot{\textbf{4}}\textbf{28571}\dot{\textbf{1}}$

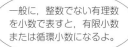

一般に, 整数でない有理数を小数で表すと, 有限小数または循環小数になるよ。

⚠注意　整数 m は, $\dfrac{m}{1}$ と表されるから有理数である。

｜プラスワン｜　それ以上約分できない分数を**既約分数**という。

問 23　a を 2 以上 20 以下の整数とするとき, $\dfrac{1}{a}$ が有限小数となる a をすべて求めよ。

教科書 **p.23**

ガイド　一般に, 既約分数 $\dfrac{m}{n}$ が有限小数となるのは, 分母 n が素因数 2 と 5 だけを用いて素因数分解できるときである。

解答　a が 2 だけを素因数にもつとき, $2 \leqq a \leqq 20$ にあてはまるのは,
$a=2,\ 2^2,\ 2^3,\ 2^4,$　　すなわち,　　$a=2,\ 4,\ 8,\ 16$

a が 5 を素因数にもつとき，$5^2 > 20$ なので，素因数 5 の個数は 1 個であり，$2 \leqq a \leqq 20$ にあてはまるのは，$a = 1 \cdot 5,\ 2 \cdot 5,\ 2^2 \cdot 5$，すなわち，$a = 5,\ 10,\ 20$

以上により，**$a = 2,\ 4,\ 5,\ 8,\ 10,\ 16,\ 20$**

問 24 次の循環小数を分数で表せ。

教科書
p.24
(1) $0.\dot{8}$　　　　　(2) $0.\dot{6}\dot{9}$　　　　　(3) $2.\dot{5}6\dot{7}$

ガイド 循環小数を x とおき，循環する部分が重なるように，$10x$，$100x$，$1000x$，…… などと x との差をとり，循環する部分を消す。

解答 (1) $x = 0.\dot{8}$ とおくと，$10x = 8.888888\cdots\cdots$　……①

$x = 0.888888\cdots\cdots$　……②

であるから，①－②より，$9x = 8$　よって，$x = \dfrac{8}{9}$

(2) $x = 0.\dot{6}\dot{9}$ とおくと，$100x = 69.696969\cdots\cdots$　……①

$x = 0.696969\cdots\cdots$　……②

であるから，①－②より，$99x = 69$　よって，$x = \dfrac{69}{99} = \dfrac{23}{33}$

(3) $x = 2.\dot{5}6\dot{7}$ とおくと，$1000x = 2567.567567567\cdots\cdots$　……①

$x = 2.567567567\cdots\cdots$　……②

であるから，①－②より，$999x = 2565$

よって，$x = \dfrac{2565}{999} = \dfrac{95}{37}$

⚠注意 有限小数と循環小数は分数で表されるので，有理数である。循環しない無限小数で表される数を**無理数**といい，有理数と無理数を合わせて**実数**という。$\sqrt{2}$，$\sqrt{3}$，π などは無理数であることが知られている。

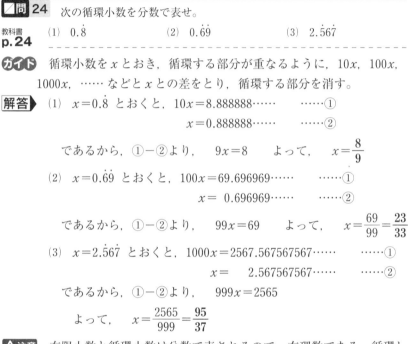

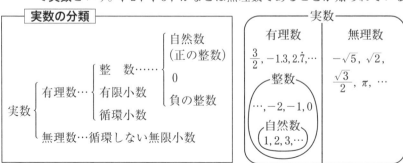

問 25　a, bは自然数で，$a-b$，$\dfrac{a}{b}$ が自然数とならないような a，b の例を作

教科書
p.25　れ。

- -

ガイド　たとえば，$a-b$ が負の数で，$\dfrac{a}{b}$ が整数にならない場合を考える。

解答　**(例)**　$a=2$，$b=3$ のとき，$a-b=2-3=-1$，$\dfrac{a}{b}=\dfrac{2}{3}$

⚠注意　　自然数どうしの演算では，差や商は自然数になるとは限らない。

右の表は，自然数，整数，有理数，
実数のそれぞれにおいて，四則演算
（和，差，積，商）の結果をまとめた
ものである。

数の範囲	和	差	積	商
自 然 数	◯	×	◯	×
整 数	◯	◯	◯	×
有 理 数	◯	◯	◯	◯
実 数	◯	◯	◯	◯

この表から，自然数や整数におい
ては，四則演算の結果が必ずその数
の範囲にあるとは限らないが，有理
数や実数においては，それぞれの数
の範囲で四則演算を自由に行うこと
ができることがわかる。

◯…演算の結果が必ずその数
　の範囲にある。（商では 0
　で割ることを考えない。）
×…演算の結果が必ずしもそ
　の数の範囲にあるとは限
　らない。

｜プラスワン｜　加法や乗法について，次の計算法則が成り立っている。

交換法則　$a+b=b+a$　　　　　　　　$ab=ba$
結合法則　$(a+b)+c=a+(b+c)$　　$(ab)c=a(bc)$
分配法則　$a(b+c)=ab+ac$　　　　$(a+b)c=ac+bc$
a，b が実数のとき，$ab=0$ **ならば**，$a=0$ **または** $b=0$

問 26　次の値を求めよ。

教科書
p.26　(1)　$|2.3|$　　　　　(2)　$|-5|$　　　　(3)　$|\sqrt{5}-3|$　　　(4)　$|3-\pi|$

- -

ガイド　数直線上で，原点 O(0) と点 A(a) との
距離を a の **絶対値** といい，$|a|$ で表す。

ここがポイント 👉 [絶対値]

$a \geqq 0$ のとき　$|a|=a$

$a<0$ のとき　$|a|=-a$

$a>0$ のとき

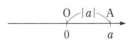

$a<0$ のとき

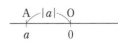

解答▶ (1) $|2.3|=$**2.3**

(2) $|-5|=-(-5)=$**5**

(3) $\sqrt{5}<3$ より，$\sqrt{5}-3<0$ なので，
$|\sqrt{5}-3|=-(\sqrt{5}-3)=$**3$-\sqrt{5}$**

(4) $3<\pi$ より，$3-\pi<0$ なので，$|3-\pi|=-(3-\pi)=$**$\pi-3$**

⚠注意 数直線上の点Pを表す実数 x をPの**座標**といい，座標が x である点 Pを **P(x)** と表す。

┃プラスワン┃ 絶対値の定義から，$|a|\geqq0$ が成り立ち，とくに，$|a|=0$ ならば，$a=0$ である。また，次の性質も成り立つ。

> **ポイント プラス** 👉
> $|-a|=|a|$，　$|a|^2=a^2$

2 根号を含む式の計算

◼問 27 次の値を求めよ。

教科書 **p.27** (1) 16 の平方根　(2) $(-\sqrt{5})^2$　(3) $\sqrt{(-4)^2}$　(4) $\sqrt{(2-\sqrt{5})^2}$

ガイド 2乗して a になる数を a の**平方根**という。

正の数 a の平方根は，正と負の2つあり，記号 $\sqrt{}$（**根号**という）を用いて，正の平方根を $\sqrt{a}$，負の平方根を $-\sqrt{a}$ で表す。

> **ここがポイント** 👉
> $$\sqrt{a^2}=|a|=\begin{cases} a & (a\geqq0) \\ -a & (a<0) \end{cases}$$

解答▶ (1) $4^2=16$，$(-4)^2=16$ であるから，**4 と -4（±4）**

(2) $-\sqrt{5}$ は5の負の平方根であるから，　$(-\sqrt{5})^2=$**5**

(3) $\sqrt{(-4)^2}=|-4|=-(-4)=$**4**

(4) $\sqrt{(2-\sqrt{5})^2}=|2-\sqrt{5}|=-(2-\sqrt{5})=$**$\sqrt{5}-2$**

⚠注意 (3) $\sqrt{(-4)^2}=-4$ としてはいけない。

┃プラスワン┃ 負の数の平方根は実数の範囲には存在しない。負の数の平方根については，数学Ⅱで学習する。

問 28 $1.41<\sqrt{2}<1.42$ であることを確かめよ。

教科書 **p.28**

ガイド $(\sqrt{2})^2=2$ である。正の数は2乗しても大小関係は変わらないことから，$1.41^2<2$，$2<1.42^2$ であることを示せばよい。

解答 $1.41^2=1.9881<2$，$1.42^2=2.0164>2$ であるから，$1.41^2<2<1.42^2$
したがって，　$1.41<\sqrt{2}<1.42$

問 29 次の実数の整数部分と小数部分を求めよ。

教科書 **p.28**
(1) -2.1 　　(2) $\sqrt{10}$ 　　(3) $-\sqrt{10}$

ガイド 実数 x について，$n\leqq x<n+1$ となる整数 n を x の**整数部分**といい，$x-n$ を x の**小数部分**という。小数部分は0以上1未満の実数である。

実数＝整数部分＋小数部分
（ただし，$0\leqq$小数部分<1）

解答 (1) $-3<-2.1<-2$ より，**整数部分**は　-3
小数部分は，　$-2.1-(-3)=0.9$
(2) $3<\sqrt{10}<4$ より，**整数部分**は　3
小数部分は　$\sqrt{10}-3$
(3) $-4<-\sqrt{10}<-3$ より，**整数部分**は　-4
小数部分は，　$-\sqrt{10}-(-4)=4-\sqrt{10}$

問 30 次の公式を証明せよ。

教科書 **p.29**
$a>0$，$b>0$ のとき，　$\dfrac{\sqrt{a}}{\sqrt{b}}=\sqrt{\dfrac{a}{b}}$

ガイド 平方根の定義から考える。$\dfrac{\sqrt{a}}{\sqrt{b}}$ が $\dfrac{a}{b}$ の正の平方根であることを示せばよい。

解答 $\left(\dfrac{\sqrt{a}}{\sqrt{b}}\right)^2=\dfrac{\sqrt{a}}{\sqrt{b}}\times\dfrac{\sqrt{a}}{\sqrt{b}}=\dfrac{(\sqrt{a})^2}{(\sqrt{b})^2}=\dfrac{a}{b}$

$\sqrt{a}>0$，$\sqrt{b}>0$ より，　$\dfrac{\sqrt{a}}{\sqrt{b}}>0$

よって，$\dfrac{\sqrt{a}}{\sqrt{b}}$ は2乗して $\dfrac{a}{b}$ になる正の数であるから，　$\dfrac{\sqrt{a}}{\sqrt{b}}=\sqrt{\dfrac{a}{b}}$

問 31 次の式を計算せよ。

教科書
p.29　(1) $\sqrt{125}$　　　(2) $\sqrt{6}\sqrt{8}$　　　(3) $\dfrac{\sqrt{108}}{\sqrt{2}}$

ガイド

ここがポイント ☞ ［平方根の積と商］

$a>0$, $b>0$ のとき,

　$\boxed{1}$ $\sqrt{a}\sqrt{b}=\sqrt{ab}$　　　$\boxed{2}$ $\dfrac{\sqrt{a}}{\sqrt{b}}=\sqrt{\dfrac{a}{b}}$

上の公式$\boxed{1}$から，次のことがいえる。

$k>0$, $a>0$ のとき,　$\sqrt{k^2 a}=k\sqrt{a}$

(2), (3)は，公式$\boxed{1}$や$\boxed{2}$を用いて計算し，計算結果を $k\sqrt{a}$ の形で表す。

解答　(1)　$\sqrt{125}=\sqrt{5^2\cdot 5}=\mathbf{5\sqrt{5}}$

(2)　$\sqrt{6}\sqrt{8}=\sqrt{6\cdot 8}=\sqrt{48}=\sqrt{4^2\cdot 3}=\mathbf{4\sqrt{3}}$

(3)　$\dfrac{\sqrt{108}}{\sqrt{2}}=\sqrt{\dfrac{108}{2}}=\sqrt{54}=\sqrt{3^2\cdot 6}=\mathbf{3\sqrt{6}}$

問 32 次の式を計算せよ。

教科書
p.30　(1)　$\sqrt{8}+\sqrt{50}$　　(2)　$(\sqrt{2}-\sqrt{3})^2$　　(3)　$(\sqrt{7}+\sqrt{2})(\sqrt{7}-\sqrt{2})$

ガイド　(1)　まず，各項を $k\sqrt{a}$ の形にしてから，同類項をまとめるのと同じ要領で簡単にする。

(2)　乗法公式 $(a-b)^2=a^2-2ab+b^2$ を利用する。

(3)　乗法公式 $(a+b)(a-b)=a^2-b^2$ を利用する。

解答　(1)　$\sqrt{8}+\sqrt{50}=2\sqrt{2}+5\sqrt{2}=\mathbf{7\sqrt{2}}$

(2)　$(\sqrt{2}-\sqrt{3})^2=(\sqrt{2})^2-2\sqrt{2}\sqrt{3}+(\sqrt{3})^2$
　　　　　$=2-2\sqrt{6}+3=\mathbf{5-2\sqrt{6}}$

(3)　$(\sqrt{7}+\sqrt{2})(\sqrt{7}-\sqrt{2})=(\sqrt{7})^2-(\sqrt{2})^2$
　　　　　　　　　　　$=7-2=\mathbf{5}$

乗法公式が平方根を含む
式の積を計算するのに利
用できるんだね。

問 33 次の式の分母を有理化せよ。

教科書 **p.30**

(1) $\dfrac{1}{2\sqrt{3}}$　　(2) $\dfrac{\sqrt{3}}{\sqrt{3}+\sqrt{2}}$　　(3) $\dfrac{2-\sqrt{3}}{2+\sqrt{3}}$　　(4) $\dfrac{1+\sqrt{5}}{5-3\sqrt{5}}$

ガイド 分母に根号を含む式において，分母と分子に適当な同じ数を掛けて，分母に根号を含まない式に変形することを，**分母を有理化する**という。

分母を有理化するには次のようにすればよい。

・分母が $b\sqrt{a}$ の形 → 分母・分子に $\sqrt{a}$ を掛ける。

・分母が $\sqrt{a}+\sqrt{b}$ の形 → 分母・分子に $\sqrt{a}-\sqrt{b}$ を掛ける。

・分母が $\sqrt{a}-\sqrt{b}$ の形 → 分母・分子に $\sqrt{a}+\sqrt{b}$ を掛ける。

解答

(1) $\dfrac{1}{2\sqrt{3}}=\dfrac{1\times\sqrt{3}}{2\sqrt{3}\times\sqrt{3}}=\dfrac{\sqrt{3}}{6}$

(2) $\dfrac{\sqrt{3}}{\sqrt{3}+\sqrt{2}}=\dfrac{\sqrt{3}(\sqrt{3}-\sqrt{2})}{(\sqrt{3}+\sqrt{2})(\sqrt{3}-\sqrt{2})}$

$=\dfrac{(\sqrt{3})^2-\sqrt{6}}{(\sqrt{3})^2-(\sqrt{2})^2}$

$=\dfrac{3-\sqrt{6}}{3-2}=3-\sqrt{6}$

(3) $\dfrac{2-\sqrt{3}}{2+\sqrt{3}}=\dfrac{(2-\sqrt{3})^2}{(2+\sqrt{3})(2-\sqrt{3})}$

$=\dfrac{2^2-2\cdot2\cdot\sqrt{3}+(\sqrt{3})^2}{2^2-(\sqrt{3})^2}$

$=\dfrac{4-4\sqrt{3}+3}{4-3}=7-4\sqrt{3}$

(4) $\dfrac{1+\sqrt{5}}{5-3\sqrt{5}}=\dfrac{(1+\sqrt{5})(5+3\sqrt{5})}{(5-3\sqrt{5})(5+3\sqrt{5})}=\dfrac{5+3\sqrt{5}+5\sqrt{5}+3\cdot5}{5^2-(3\sqrt{5})^2}$

$=\dfrac{5+8\sqrt{5}+15}{25-45}=\dfrac{20+8\sqrt{5}}{-20}=-\dfrac{5+2\sqrt{5}}{5}$

節末問題 | 第2節　実数

1
教科書
p.31
次の有理数の中で有限小数になるものはどれか。

① $\dfrac{1}{48}$　　② $\dfrac{3}{64}$　　③ $\dfrac{7}{125}$　　④ $\dfrac{4}{35}$

ガイド 分母の素因数が2と5だけであれば，その分数は有限小数となる。

解答 ①の分母を素因数分解すると，$48=2^4\cdot3$

②の分母を素因数分解すると，$64=2^6$

③の分母を素因数分解すると，$125=5^3$

④の分母を素因数分解すると，$35=5\cdot7$

以上により，有限小数になるものは，**②，③**

2
教科書
p.31
次の循環小数を分数で表せ。

(1) $2.\dot{3}\dot{4}$　　(2) $0.\dot{1}2\dot{3}$　　(3) $0.1\dot{2}\dot{3}$

ガイド 循環小数を x とおき，$10x$，$100x$，$1000x$，…… などと x との差をとり，循環する部分を消す。

解答 (1) $x=2.\dot{3}\dot{4}$ とおくと，

$100x=234.343434\cdots\cdots$　……①

$x=\quad2.343434\cdots\cdots$　……②

であるから，①－② より，$99x=232$

よって，$x=\dfrac{232}{99}$

(2) $x=0.\dot{1}2\dot{3}$ とおくと，

$1000x=123.123123123\cdots\cdots$　……①

$x=\quad0.123123123\cdots\cdots$　……②

であるから，①－② より，$999x=123$

よって，$x=\dfrac{123}{999}=\dfrac{41}{333}$

(3) $x=0.1\dot{2}\dot{3}$ とおくと，

$1000x=123.232323\cdots\cdots$　……①

$10x=\quad1.232323\cdots\cdots$　……②

であるから，①－②より，$990x=122$

第1章 数と式

よって，$x=\dfrac{122}{990}=\dfrac{61}{495}$

3 教科書 p.31　a が次の値をとるとき，$|a+1|+|a-3|$ の値を求めよ。

(1) $a=5$　　　(2) $a=-3$　　　(3) $a=\sqrt{5}$

ガイド (3) $\sqrt{5}<3$ より，$\sqrt{5}-3<0$ であることに注意する。

解答 (1) $|5+1|+|5-3|=|6|+|2|=6+2=\mathbf{8}$

(2) $|-3+1|+|-3-3|=|-2|+|-6|=2+6=\mathbf{8}$

(3) $|\sqrt{5}+1|+|\sqrt{5}-3|=(\sqrt{5}+1)-(\sqrt{5}-3)$
$=\sqrt{5}+1-\sqrt{5}+3=\mathbf{4}$

4 教科書 p.31　次の文または式が正しいかどうか調べ，誤りがあればその理由を説明せよ。

(1) $x^2=2$ ならば，$x=\sqrt{2}$　　　(2) $\sqrt{16}=\pm4$

(3) $\sqrt{3}\sqrt{6}=3\sqrt{2}$　　　　　(4) $\sqrt{8}+\sqrt{2}=\sqrt{10}$

ガイド (1) 正の数 a の平方根は $\pm\sqrt{a}$ である。

(2) $\sqrt{a}$ は a の正の平方根を表す。

解答 (1) **正しくない。**
$x^2=2$ より，x は2の平方根である。
したがって，$x^2=2$ **ならば，$x=\pm\sqrt{2}$**

(2) **正しくない。**
$\sqrt{16}$ は16の正の平方根を表し，$\sqrt{16}=4$ である。

(3) **正しい。**
$\sqrt{3}\sqrt{6}=\sqrt{18}=\sqrt{3^2\cdot2}=3\sqrt{2}$

(4) **正しくない。**
$\sqrt{8}+\sqrt{2}=\sqrt{2^2\cdot2}+\sqrt{2}=2\sqrt{2}+\sqrt{2}$
$=3\sqrt{2}=\sqrt{3^2\cdot2}=\sqrt{18}$

5 教科書 p.31　次の式を計算せよ。

(1) $3\sqrt{27}+2\sqrt{12}-\sqrt{75}$　　　(2) $(\sqrt{5}+\sqrt{2})^2+(\sqrt{5}-\sqrt{2})^2$

(3) $(2\sqrt{3}-\sqrt{5})(\sqrt{3}+3\sqrt{5})$

ガイド (1) 各項を $k\sqrt{a}$ の形にしてから，同類項をまとめるのと同じ要領
で簡単にする。

(2), (3) まず，式を展開してから，$\sqrt{}$ の項どうし，整数の項どう
し をまとめる。

解答 (1) $3\sqrt{27}+2\sqrt{12}-\sqrt{75}=3\sqrt{3^2\cdot3}+2\sqrt{2^2\cdot3}-\sqrt{5^2\cdot3}$
$=3\cdot3\sqrt{3}+2\cdot2\sqrt{3}-5\sqrt{3}=9\sqrt{3}+4\sqrt{3}-5\sqrt{3}=\mathbf{8\sqrt{3}}$

(2) $(\sqrt{5}+\sqrt{2})^2+(\sqrt{5}-\sqrt{2})^2$
$=(\sqrt{5})^2+2\cdot\sqrt{5}\cdot\sqrt{2}+(\sqrt{2})^2+(\sqrt{5})^2-2\cdot\sqrt{5}\cdot\sqrt{2}+(\sqrt{2})^2$
$=5+2\sqrt{10}+2+5-2\sqrt{10}+2=\mathbf{14}$

(3) $(2\sqrt{3}-\sqrt{5})(\sqrt{3}+3\sqrt{5})$
$=2\sqrt{3}\cdot\sqrt{3}+2\sqrt{3}\cdot3\sqrt{5}-\sqrt{5}\cdot\sqrt{3}-\sqrt{5}\cdot3\sqrt{5}$
$=6+6\sqrt{15}-\sqrt{15}-15=\mathbf{-9+5\sqrt{15}}$

6
教科書
p.31

$\sqrt{3}+1$ の整数部分を a，小数部分を b とするとき，次の式の値を求め
よ。

(1) a, b　　　　　　　　　　　　(2) $a+\dfrac{4}{b}$

ガイド (1) $\sqrt{3}+1$ の整数部分は $\sqrt{3}+1$ 以下の最大の整数である。

(2) (1)で求めた a, b の値をそれぞれ代入する。

解答 (1) $1<\sqrt{3}<2$ より，$2<\sqrt{3}+1<3$ であるから，
$\boldsymbol{a=2}$, $\boldsymbol{b=(\sqrt{3}+1)-2=\sqrt{3}-1}$

(2) $a+\dfrac{4}{b}=2+\dfrac{4}{\sqrt{3}-1}$

$=2+\dfrac{4(\sqrt{3}+1)}{(\sqrt{3}-1)(\sqrt{3}+1)}=2+\dfrac{4(\sqrt{3}+1)}{3-1}$

$=2+2(\sqrt{3}+1)=2+2\sqrt{3}+2$

$=\mathbf{4+2\sqrt{3}}$

分母の有理化をするときは，
分母が $\sqrt{a}+\sqrt{b}$ の形なら $\sqrt{a}-\sqrt{b}$ を，
分母が $\sqrt{a}-\sqrt{b}$ の形なら $\sqrt{a}+\sqrt{b}$ を
分母・分子に掛けます。

7 次の式を計算せよ。

教科書 **p.31**

(1) $\dfrac{1}{3-\sqrt{7}} - \dfrac{1}{3+\sqrt{7}}$

(2) $\dfrac{1}{\sqrt{5}+\sqrt{4}} + \dfrac{1}{\sqrt{4}+\sqrt{3}} + \dfrac{1}{\sqrt{3}+\sqrt{2}}$

ガイド まず，それぞれの分母を有理化する。

解答 (1) $\dfrac{1}{3-\sqrt{7}} - \dfrac{1}{3+\sqrt{7}}$

$= \dfrac{3+\sqrt{7}}{(3-\sqrt{7})(3+\sqrt{7})} - \dfrac{3-\sqrt{7}}{(3+\sqrt{7})(3-\sqrt{7})}$

$= \dfrac{3+\sqrt{7}}{9-7} - \dfrac{3-\sqrt{7}}{9-7}$

$= \dfrac{3+\sqrt{7}-(3-\sqrt{7})}{2} = \sqrt{7}$

(2) $\dfrac{1}{\sqrt{5}+\sqrt{4}} + \dfrac{1}{\sqrt{4}+\sqrt{3}} + \dfrac{1}{\sqrt{3}+\sqrt{2}}$

$= \dfrac{\sqrt{5}-\sqrt{4}}{(\sqrt{5}+\sqrt{4})(\sqrt{5}-\sqrt{4})} + \dfrac{\sqrt{4}-\sqrt{3}}{(\sqrt{4}+\sqrt{3})(\sqrt{4}-\sqrt{3})}$

$\qquad + \dfrac{\sqrt{3}-\sqrt{2}}{(\sqrt{3}+\sqrt{2})(\sqrt{3}-\sqrt{2})}$

$= \dfrac{\sqrt{5}-\sqrt{4}}{5-4} + \dfrac{\sqrt{4}-\sqrt{3}}{4-3} + \dfrac{\sqrt{3}-\sqrt{2}}{3-2}$

$= (\sqrt{5}-\sqrt{4}) + (\sqrt{4}-\sqrt{3}) + (\sqrt{3}-\sqrt{2})$

$= \sqrt{5} - \sqrt{2}$

第3節　1次不等式

1　不等式の基本性質

問 34　$a<b$ のとき，次の □ に $<$，$>$ のいずれかを入れよ。

教科書
p.33

(1)　$a-2 \,\square\, b-2$　　　　　　(2)　$4a \,\square\, 4b$

(3)　$-\dfrac{a}{5} \,\square\, -\dfrac{b}{5}$　　　　　(4)　$3-a \,\square\, 3-b$

- -

ガイド　数量の間の大小関係を不等号を用いて表した式を**不等式**という。

不等式でも，等式の場合と同じように，不等
号の左側の式または数を**左辺**，右側の式または
数を**右辺**，両方を合わせて**両辺**という。

> **ここがポイント** 👉 **[不等式の基本性質]**
>
> 1　$a<b$ のとき，$a+c<b+c$，$a-c<b-c$
>
> 2　$a<b$ のとき，(i)　$c>0$ ならば，$ac<bc$，$\dfrac{a}{c}<\dfrac{b}{c}$
>
> 　　　　　　　　(ii)　$c<0$ ならば，$ac>bc$，$\dfrac{a}{c}>\dfrac{b}{c}$

$a<b$ をもとにして，上の不等式の基本性質を用いて式変形をする。
ただし，2(ii)の性質，すなわち，

　　一般に，不等式の両辺に同じ**負の数を掛けたり**，両辺を同じ**負の
　　数で割ったり**すると，両辺の**大小関係は入れかわる**

ことにとくに注意する。

解答　(1)　$a<b$ の両辺から 2 を引くと，

　　　　　$a-2<b-2$

　　(2)　$a<b$ の両辺に 4 を掛けると，

　　　　　$4a<4b$

　　(3)　$a<b$ の両辺を -5 で割ると，

　　　　　$\dfrac{a}{-5}>\dfrac{b}{-5}$　$-\dfrac{a}{5}>-\dfrac{b}{5}$

　　(4)　$a<b$ の両辺に -1 を掛けると，

　　　　　$-a>-b$　両辺に 3 を足すと，$3-a>3-b$

第1章　数と式

ポイントプラス 👉 [不等式の意味と表す値の範囲]

不等号	例	意　味	数直線上での表現
$<$	$x<3$	x は 3 より小さい （x は 3 未満）	
$\leqq$	$x\leqq3$	x は 3 以下	
$>$	$x>3$	x は 3 より大きい	
$\geqq$	$x\geqq3$	x は 3 以上	

数直線の図で，●はその数を含み，○はその数を含まないことを表す。

プラスワン　2つの実数 a, b の間には，$a>b$, $a=b$, $a<b$ のうち，どれか1つの関係だけが成り立つ。また，

$$a<b \text{ かつ } b<c \text{ ならば，}\quad a<c$$

が成り立つことが，右の数直線よりわかる。

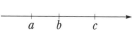

2　不等式とその解

問 35　次の不等式を解け。

教科書 **p.34**

(1)　$3x-2<5$　　　　　　　　(2)　$-2x+3\leqq5$

ガイド　x についての不等式を満たす x の値を**不等式の解**という。不等式のすべての解を求めることを**不等式を解く**という。

不等式を解くには，不等式の基本性質を用いる。とくに，①から，不等式でも，等式の場合と同様に移項ができることがわかる。

解答　(1)　左辺の -2 を右辺に移項して，

$$3x<5+2$$
$$3x<7$$

両辺を3で割って，　　$x<\dfrac{7}{3}$

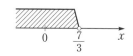

(2)　左辺の 3 を右辺に移項して,

$$-2x \leqq 5-3$$
$$-2x \leqq 2$$

両辺を -2 で割って,　$\boldsymbol{x \geqq -1}$

両辺を負の数で割ると,
不等号の向きが変わることに
注意しよう。

⚠注意　x についての不等式で,すべての項を左辺に移項して整理したとき,

$$ax+b>0, \quad ax+b \leqq 0 \quad (a,\ b \text{ は定数で,}\ a \neq 0)$$

のように,左辺が x の 1 次式となるものを **1 次不等式**という。

問 36　次の不等式を解け。

教科書
p.35

(1)　$5x+4>3x+2$　　　　　(2)　$3(2x+3) \geqq 10x-17$

(3)　$\dfrac{x-2}{3} \leqq 2x+1$　　　　　(4)　$\dfrac{9}{4}x+1>\dfrac{3}{2}x$

- -

ガイド　1 次不等式は,1 次方程式と同じ要領で解くことができる。ただし,
両辺を負の数で割ると不等号の向きが変わることに注意する。

(3), (4)　分母を払い,係数を整数にしてから解くとよい。

解答　(1)　移項して,　　　$5x-3x>2-4$

$$2x>-2$$

両辺を 2 で割って,　　$\boldsymbol{x>-1}$

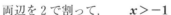

(2)　左辺を展開すると,　$6x+9 \geqq 10x-17$

移項して,　　　　$6x-10x \geqq -17-9$

$$-4x \geqq -26$$

両辺を -4 で割って,　$\boldsymbol{x \leqq \dfrac{13}{2}}$

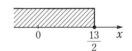

(3)　両辺に 3 を掛けて,　$x-2 \leqq 6x+3$

移項して,　　　　$x-6x \leqq 3+2$

$$-5x \leqq 5$$

両辺を -5 で割って,　$\boldsymbol{x \geqq -1}$

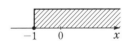

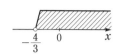

(4)　両辺に 4 を掛けて，　$9x+4>6x$

　　移項して，　　　　$9x-6x>-4$

　　　　　　　　　　　　$3x>-4$

　　両辺を 3 で割って，　$x>-\dfrac{4}{3}$

問 37　次の不等式を解け。

教科書
p.36　(1)　$\begin{cases} x-2<3x+5 \\ x+4\leqq 5-x \end{cases}$　　　　　　(2)　$3x+2\leqq 2x+4\leqq 9-x$

- -

ガイド　2つ以上の不等式を組にしたものを**連立不等式**という。

　それらの不等式を同時に満たす x の値を**連立不等式の解**という。1
つの数直線にそれぞれの解を表して，共通の範囲を調べるとよい。

　(2)　不等式 $A\leqq B\leqq C$ は，$A\leqq B$ かつ $B\leqq C$ を意味している。

解答　(1)　$x-2<3x+5$ より，

　　　　$-2x<7$　　$x>-\dfrac{7}{2}$　……①

　　　$x+4\leqq 5-x$ より，

　　　　$2x\leqq 1$　　$x\leqq \dfrac{1}{2}$　　……②

　　　よって，①，②を同時に満たす
　　　x の値の範囲を求めて，

　　　　$-\dfrac{7}{2}<x\leqq \dfrac{1}{2}$

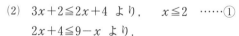

(2)　$3x+2\leqq 2x+4$ より，　$x\leqq 2$　……①

　　$2x+4\leqq 9-x$ より，

　　　$3x\leqq 5$　　$x\leqq \dfrac{5}{3}$　……②

　　よって，①，②を同時に満たす
　　x の値の範囲を求めて，

　　　$x\leqq \dfrac{5}{3}$

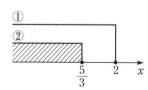

⚠注意　解の共通の範囲が存在しない場合もある。そのような場合には，そ
の連立不等式の解はない。

問 38
教科書
p.37
　50円の贈答用の箱に，1個180円のシュークリームと1個130円のプリンを合わせて20個入れ，全体の金額を3200円以上3300円未満にしたい。シュークリームの個数を何個にすればよいか。

ガイド　連立不等式の応用問題である。まず，シュークリームを x 個として，プリンの個数を x で表す。次に，全体の金額についての条件を不等式で表すと，

　　　$3200 \leqq$（シュークリームの金額）＋（プリンの金額）＋（箱代）< 3300

となる。この連立不等式を解き，題意を満たす x の値を求める。

解答　シュークリームを x 個とすると，プリンは $(20-x)$ 個となる。

　条件より，$3200 \leqq 180x + 130(20-x) + 50 < 3300$

　$3200 \leqq 180x + 130(20-x) + 50$ より，

　　　$-50x \leqq -550$　　$x \geqq 11$　　……①

　$180x + 130(20-x) + 50 < 3300$ より，

　　　$50x < 650$　　$x < 13$　　……②

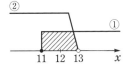

　したがって，　$11 \leqq x < 13$

　x は整数であるから，条件を満たす x の値は 11 または 12

　よって，シュークリームを **11個または12個**にすればよい。

3　絶対値を含む方程式・不等式

問 39　次の方程式，不等式を解け。
教科書
p.38
(1) $|x| = 5$　　　　(2) $|x| < 3$　　　　(3) $|x| \geqq 4$

ガイド

ここがポイント 👉

　$a > 0$ のとき，

　　方程式 $|x| = a$ の解は，

　　　$x = \pm a$

　　不等式 $|x| < a$ の解は，

　　　$-a < x < a$

　　不等式 $|x| > a$ の解は，

　　　$x < -a,\ a < x$

解答　(1)　方程式 $|x|=5$ の解は，　$x=\pm5$

　　　　(2)　不等式 $|x|<3$ の解は，　$-3<x<3$

　　　　(3)　不等式 $|x|\geqq4$ の解は，　$x\leqq-4,\ 4\leqq x$

問 40　次の方程式を解け。

教科書 **p.38**

(1)　$|x-1|=4$　　　(2)　$|x+2|=3$　　　(3)　$|3x|=6$

- -

ガイド　絶対値記号の中の式を1つのまとまりとみる。

解答　(1)　$x-1$ を1つのまとまりとみると，$x-1=\pm4$ であるから，

　　　　　　$x=4+1,\ x=-4+1$　　　したがって，　$x=5,\ -3$

　　　　(2)　$x+2$ を1つのまとまりとみると，$x+2=\pm3$ であるから，

　　　　　　$x=3-2,\ x=-3-2$　　　したがって，$x=1,\ -5$

　　　　(3)　$3x$ を1つのまとまりとみると，$3x=\pm6$ であるから，

　　　　　　$x=\pm\dfrac{6}{3}$　　　したがって，$x=\pm2$

別解　(3)　$|3x|=3|x|$ より，$3|x|=6$

　　　　　　したがって，$|x|=\dfrac{6}{3}=2$ より，　$x=\pm2$

問 41　次の不等式を解け。

教科書 **p.39**

(1)　$|x-3|<5$　　　(2)　$|x+3|\geqq2$　　　(3)　$|3x-2|\leqq4$

- -

ガイド　**問 40** と同様に，絶対値記号の中の式を1つのまとまりとみる。

そのうえで，次のことを用いる。

$a>0$ のとき，$|X|<a\ (\leqq a)$ の解は，

　　　　　$-a<X<a\ (-a\leqq X\leqq a)$

　　　　　$|X|>a\ (\geqq a)$ の解は，

　　　　　$X<-a,\ a<X\ (X\leqq-a,\ a\leqq X)$

解答　(1)　$x-3$ を1つのまとまりとみると，

　　　　　　$-5<x-3<5$

　　　　　　各辺に3を加えて，　$-2<x<8$

　　　　(2)　$x+3$ を1つのまとまりとみると，

　　　　　　$x+3\leqq-2,\ 2\leqq x+3$

　　　　　　$x+3\leqq-2$ より，　$x\leqq-5$

　　　　$2 \leqq x+3$ より，　$x \geqq -1$

　　　　したがって，　$x \leqq -5$，$-1 \leqq x$

(3)　$3x-2$ を1つのまとまりとみると，

　　　　$-4 \leqq 3x-2 \leqq 4$

　　　各辺に2を加えて，　$-2 \leqq 3x \leqq 6$

　　　各辺を3で割って，　$-\dfrac{2}{3} \leqq x \leqq 2$

⚠注意　$p < ax+b < q$ の形の不等式は，各辺（〰〰をつけた各部分）について，

　　・同じ数を足す　　　・同じ数を引く

　　・同じ数を掛ける　　・同じ数で割る

のいずれかの操作をして式変形をすることができる。

(1)，(3)では，このことを用いている。

┃プラスワン┃　2点 A(a)，P(x) の距離 AP は，

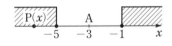

　　$a \leqq x$ のとき，　　AP$=x-a$

　　$x < a$ のとき，　　AP$=a-x$

であるから，AP$=|x-a|$ で表される。

　たとえば，(2)は，

　　$|x-(-3)| \geqq 2$

と書けるから，数直線上において，
点 P(x) と点 A(-3) の距離が2以上
であることを表している。

　同様に，(3)は，

　　$\left| x - \dfrac{2}{3} \right| \leqq \dfrac{4}{3}$

と書けるから，数直線上において，

点 P(x) と点 A$\left(\dfrac{2}{3} \right)$ の距離が $\dfrac{4}{3}$ 以下

であることを表している。

節末問題 | 第3節　1次不等式

1

教科書 **p.40**

$a>b$, $c>d$ のとき，次の不等式がつねに成り立つか答えよ。

(1) $\dfrac{1}{a}<\dfrac{1}{b}$　　　(2) $a-c<b-d$　　　(3) $ac>bd$

ガイド　つねに成り立つといえる場合には証明し，そうでない場合は成り立たない例（反例）を示す。

解答　(1) $a=1$, $b=-1$ のとき

左辺$=\dfrac{1}{a}=\dfrac{1}{1}=1$,　右辺$=\dfrac{1}{b}=\dfrac{1}{-1}=-1$ より，

左辺$>$右辺，すなわち，$\dfrac{1}{a}>\dfrac{1}{b}$ となるので，**成り立たない**。

(2) $a=2$, $b=0$, $c=0$, $d=-1$ のとき，

左辺$=a-c=2-0=2$,　右辺$=b-d=0-(-1)=1$ より，

左辺$>$右辺，すなわち，$a-c>b-d$ となるので，**成り立たない**。

(3) $a=1$, $b=-1$, $c=1$, $d=-2$ のとき，

左辺$=ac=1\cdot1=1$,　右辺$=bd=(-1)\cdot(-2)=2$ より，

左辺$<$右辺，すなわち，$ac<bd$ となるので，**成り立たない**。

2

教科書 **p.40**

次の不等式を解け。

(1) $2(x-3)+5(4-x)>0$　　　(2) $0.6x-3\leqq-0.2(x-2)+1$

(3) $\dfrac{1}{3}x-1\geqq x+3$　　　(4) $\dfrac{2x-1}{3}<\dfrac{3x+2}{4}$

ガイド　(2) 両辺に 10 を掛けて，係数を整数にしてから解くとよい。

(3), (4) 分母を払い，係数を整数にしてから解くとよい。

解答　(1) 左辺を計算すると，　$2x-6+20-5x>0$

移項して整理すると，　　　$-3x>-14$

両辺を -3 で割って，　　　$x<\dfrac{14}{3}$

(2) 両辺に 10 を掛けて，　$6x-30\leqq-2(x-2)+10$

$6x-30\leqq-2x+14$

移項して整理すると，　$8x\leqq44$

両辺を 8 で割って， $x \leqq \dfrac{11}{2}$

(3) 両辺に 3 を掛けて， $x-3 \geqq 3x+9$

移項して整理すると， $-2x \geqq 12$

両辺を -2 で割って， $x \leqq -6$

(4) 両辺に 12 を掛けて， $4(2x-1)<3(3x+2)$

$$8x-4<9x+6$$

移項して整理すると， $-x<10$

両辺を -1 で割って， $x>-10$

□ 3 次の不等式を解け。

教科書 **p.40**

(1) $\begin{cases} 2x-1 \geqq 3x+4 \\ -x+4 > 2(x-2) \end{cases}$ 　　(2) $\begin{cases} 4x-7 \geqq 7x-1 \\ 3x-4 \geqq x-8 \end{cases}$

(3) $\dfrac{1}{2} \leqq -\dfrac{2x+1}{3} \leqq 4$

ガイド 2つの不等式の解の共通範囲を求める。

(3)は，$\dfrac{1}{2} \leqq -\dfrac{2x+1}{3}$ かつ $-\dfrac{2x+1}{3} \leqq 4$ と考える。

解答

(1) $2x-1 \geqq 3x+4$ より，

$-x \geqq 5$ 　$x \leqq -5$ ……①

$-x+4 > 2(x-2)$ より，

$-x+4 > 2x-4$

$-3x > -8$ 　$x < \dfrac{8}{3}$ ……②

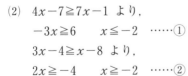

よって，①，②を同時に満たす

x の値の範囲を求めて， $x \leqq -5$

(2) $4x-7 \geqq 7x-1$ より，

$-3x \geqq 6$ 　$x \leqq -2$ ……①

$3x-4 \geqq x-8$ より，

$2x \geqq -4$ 　$x \geqq -2$ ……②

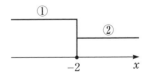

よって，①，②を同時に満たす

x の値の範囲を求めて， $x = -2$

(3) $\dfrac{1}{2} \leqq -\dfrac{2x+1}{3}$ より，

$3 \leqq -2(2x+1)$　　$3 \leqq -4x-2$

$4x \leqq -5$　　$x \leqq -\dfrac{5}{4}$ ……①

$-\dfrac{2x+1}{3} \leqq 4$ より，

$-(2x+1) \leqq 12$

$-2x-1 \leqq 12$

$-2x \leqq 13$　　$x \geqq -\dfrac{13}{2}$ ……②

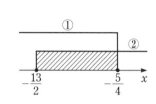

よって，①，②を同時に満たす x の値の範囲を求めて，

$$-\dfrac{13}{2} \leqq x \leqq -\dfrac{5}{4}$$

別解　(3)　各辺に -6 を掛けて，　$-3 \geqq 2(2x+1) \geqq -24$

すなわち，　$-24 \leqq 4x+2 \leqq -3$

各辺から 2 を引いて，　$-26 \leqq 4x \leqq -5$

各辺を 4 で割って，　$-\dfrac{13}{2} \leqq x \leqq -\dfrac{5}{4}$

□ **4**　ある整数から 6 を引いて 5 倍すると，34 より大きく 40 より小さくなるという。この整数を求めよ。
教科書
p.40

ガイド　ある整数を x とおき，6 を引いて 5 倍した数を x の式で表して不等式をつくる。

解答　ある整数を x とすると，この整数から 6 を引いて 5 倍した数は，$5(x-6)$ と表される。

よって，　$34 < 5(x-6) < 40$

各辺を 5 で割って，　$\dfrac{34}{5} < x-6 < 8$

各辺に 6 を足して，　$\dfrac{34}{5}+6 < x < 14$

すなわち，　$12\dfrac{4}{5} < x < 14$

x は整数であるから，条件を満たす x の値は 13 である。
よって，求める整数は **13** である。

別解 $34<5(x-6)<40$ から，$34<5(x-6)$ と $5(x-6)<40$ を別々に解いて，その共通範囲を求めてもよい。

5
教科書 **p.40**

　時速 12 km で走る走者Aと時速 10 km で走る走者Bがリレーをして 38 km のコースを走る。3 時間 30 分以内で走り終えるには，走者Aは何 km 以上走ればよいか。

ガイド 走者Aが走る道のりを x km とおき，2 人の走る時間の和が 3 時間 30 分以内であることから不等式をつくる。

解答 走者Aが走る道のりを x km とすると，走者Bが走る道のりは $(38-x)$ km となる。

$$3\text{時間}30\text{分}=3\frac{30}{60}\text{時間}=3\frac{1}{2}\text{時間}=\frac{7}{2}\text{時間}$$

より，(Aが走る時間)+(Bが走る時間)$\leqq\dfrac{7}{2}$ なので，

$$\frac{x}{12}+\frac{38-x}{10}\leqq\frac{7}{2}$$

両辺に 60 を掛けて，

$$5x+6(38-x)\leqq210$$
$$5x+228-6x\leqq210$$
$$-x\leqq-18$$
$$x\geqq18$$

よって，走者Aは **18 km 以上**走ればよい。

(時間)$=\dfrac{(\text{道のり})}{(\text{速さ})}$ だったね。

6
教科書 **p.40**

　方程式 $\left|\dfrac{1}{2}x+1\right|=2$ を解け。

ガイド $\dfrac{1}{2}x+1$ を 1 つのまとまりとみる。

$c>0$ のとき，　$|X|=c \iff X=\pm c$

解答 $\dfrac{1}{2}x+1$ を 1 つのまとまりとみると，

$\dfrac{1}{2}x+1=\pm2$ であるから，

$\dfrac{1}{2}x+1=2$ より，　$x=2$　　$\dfrac{1}{2}x+1=-2$ より，　$x=-6$

したがって，　$x=2,\ -6$

□ **7**　不等式 $|1-3x|\leqq 4$ を解け。

教科書 **p.40**

ガイド　$1-3x$ を 1 つのまとまりとみる。

　　　　　$c>0$ のとき，　$|X|\leqq c \iff -c\leqq X\leqq c$

解答　$1-3x$ を 1 つのまとまりとみると，

　　　　$-4\leqq 1-3x\leqq 4$

　　各辺から 1 を引いて，　$-5\leqq -3x\leqq 3$

　　各辺を -3 で割って，　$\dfrac{5}{3}\geqq x\geqq -1$

　　すなわち，　　　　　　$-1\leqq x\leqq \dfrac{5}{3}$

別解　$|1-3x|=|-(1-3x)|=|3x-1|$ だから，

　　不等式は $|3x-1|\leqq 4$ となる。

　　　よって，$-4\leqq 3x-1\leqq 4$ より，

　　　　　　$-3\leqq 3x\leqq 5$

　　　　　　$-1\leqq x\leqq \dfrac{5}{3}$

$|a|=|-a|$ であることを
利用しているよ。

参考　2重根号　　　　　　　　　　　　　　〈発展〉

☑問 1　次の式を，教科書 p.41 の例1にならって簡単にせよ。

教科書
p.41　(1) $\sqrt{5+2\sqrt{6}}$ 　　　(2) $\sqrt{9-4\sqrt{5}}$ 　　　(3) $\sqrt{3+\sqrt{5}}$

- -

ガイド　一般に，$a>0$，$b>0$ のとき，

$$(\sqrt{a}+\sqrt{b})^2 = a+b+2\sqrt{ab}, \quad (\sqrt{a}-\sqrt{b})^2 = a+b-2\sqrt{ab}$$

より，次のことがわかる。

> **ここがポイント** 👉
>
> $a>0$，$b>0$ のとき，　$\sqrt{a+b+2\sqrt{ab}} = \sqrt{a}+\sqrt{b}$
>
> $a>b>0$ のとき，　$\sqrt{a+b-2\sqrt{ab}} = \sqrt{a}-\sqrt{b}$

$\sqrt{p\pm 2\sqrt{q}}$ の形の2重根号を外すときは，和が p，積が q となる2
数を見つければよい。ただし，$\sqrt{p-2\sqrt{q}}$ の形の場合には，
$\sqrt{大}-\sqrt{小}$ としなければならないことに注意する。

(2), (3)では，まず，内側の $\sqrt{}$ の前の数を2にすることを考える。

解答▶　(1) $\sqrt{5+2\sqrt{6}} = \sqrt{(3+2)+2\sqrt{3\cdot 2}}$

$$= \sqrt{(\sqrt{3}+\sqrt{2})^2} = \sqrt{3}+\sqrt{2}$$

(2) $\sqrt{9-4\sqrt{5}} = \sqrt{9-2\sqrt{20}} = \sqrt{(5+4)-2\sqrt{5\cdot 4}}$

$$= \sqrt{(\sqrt{5}-\sqrt{4})^2} = \sqrt{5}-\sqrt{4} = \sqrt{5}-2$$

(3) $\sqrt{3+\sqrt{5}} = \sqrt{\dfrac{6+2\sqrt{5}}{2}} = \dfrac{\sqrt{(5+1)+2\sqrt{5\cdot 1}}}{\sqrt{2}}$

$$= \dfrac{\sqrt{(\sqrt{5}+\sqrt{1})^2}}{\sqrt{2}} = \dfrac{\sqrt{5}+1}{\sqrt{2}}$$

$$= \dfrac{\sqrt{10}+\sqrt{2}}{2}$$

⚠注意　たとえば，$\sqrt{5+2\sqrt{7}}$，$\sqrt{3-\sqrt{3}}$ などのように，これ以上簡単にで
きない場合もある。

章末問題

──────────── A ────────────

1

教科書
p.42

次の式を因数分解せよ。

(1) $6x^2+xy-2y^2-5x-y+1$ 　　(2) $abx^2+(a^2+b^2)x-a^2+b^2$

(3) $4x^2-y^2+2yz-z^2$ 　　　　　(4) $(a+b+1)(ab+a+b)-ab$

ガイド　(1), (2)　係数が文字の場合のたすき掛けの因数分解である。(1)では, まず, x について降べきの順に整理する。

(3)　$\bigcirc^2-\triangle^2$ の形を作ることを考える。

(4)　$a+b$ を1つのものとみて, 乗法の部分を展開する。

解答　(1)　$6x^2+xy-2y^2-5x-y+1$

$=6x^2+(y-5)x-(2y^2+y-1)$

$=6x^2+(y-5)x-(y+1)(2y-1)$

$=\{2x-(y+1)\}\{3x+(2y-1)\}$

$=\boldsymbol{(2x-y-1)(3x+2y-1)}$

$$
\begin{array}{ccc}
1 & 1 \to & 2 \\
2 & -1 \to & -1 \\
\hline
2 & -1 & 1
\end{array}
$$

$$
\begin{array}{ccc}
2 & -(y+1) \to & -3y-3 \\
3 & 2y-1 \to & 4y-2 \\
\hline
& & y-5
\end{array}
$$

(2)　$abx^2+(a^2+b^2)x-a^2+b^2$

$=abx^2+(a^2+b^2)x-(a^2-b^2)$

$=abx^2+(a^2+b^2)x-(a+b)(a-b)$

$=\{ax-(a-b)\}\{bx+(a+b)\}$

$=\boldsymbol{(ax-a+b)(bx+a+b)}$

$$
\begin{array}{ccc}
a & -(a-b) \to & -ab+b^2 \\
b & a+b \to & a^2+ab \\
\hline
& & a^2+b^2
\end{array}
$$

(3)　$4x^2-y^2+2yz-z^2$

$=4x^2-(y^2-2yz+z^2)$

$=(2x)^2-(y-z)^2$

$=\{2x+(y-z)\}\{2x-(y-z)\}$

$=\boldsymbol{(2x+y-z)(2x-y+z)}$

(4)　$(a+b+1)(ab+a+b)-ab$

$=\{(a+b)+1\}\{(a+b)+ab\}-ab$

$=(a+b)^2+(1+ab)(a+b)+ab-ab$

$=(a+b)\{(a+b)+(1+ab)\}$

$=(a+b)(ab+a+b+1)$

$=(a+b)\{(b+1)a+(b+1)\}$

$=\boldsymbol{(a+b)(a+1)(b+1)}$

2
教科書 **p.42**

$x=\dfrac{1}{\sqrt{3}+1}$, $y=\dfrac{1}{\sqrt{3}-1}$ のとき，次の式の値を求めよ。

(1) $x+y$　　　(2) xy　　　(3) x^2+y^2

ガイド　まず，x, y の分母をそれぞれ有理化する。

(3) (1)，(2)の結果を利用して，$x^2+y^2=(x+y)^2-2xy$ を用いる。

解答　$x=\dfrac{1}{\sqrt{3}+1}=\dfrac{\sqrt{3}-1}{(\sqrt{3}+1)(\sqrt{3}-1)}=\dfrac{\sqrt{3}-1}{2}$

$y=\dfrac{1}{\sqrt{3}-1}=\dfrac{\sqrt{3}+1}{(\sqrt{3}-1)(\sqrt{3}+1)}=\dfrac{\sqrt{3}+1}{2}$

(1) $x+y=\dfrac{\sqrt{3}-1}{2}+\dfrac{\sqrt{3}+1}{2}=\sqrt{3}$

(2) $xy=\dfrac{\sqrt{3}-1}{2}\cdot\dfrac{\sqrt{3}+1}{2}=\dfrac{2}{4}=\dfrac{1}{2}$

(3) $x^2+y^2=(x+y)^2-2xy$

$\qquad=(\sqrt{3})^2-2\cdot\dfrac{1}{2}=\mathbf{2}$

3
教科書 **p.42**

$-2\leqq a<3$, $1\leqq b<4$ のとき，次の式のとり得る値の範囲を求めよ。

(1) $2a$　　　(2) $-b$　　　(3) $a+b$　　　(4) $a-b$

ガイド　$-2\leqq a<3$ や $1\leqq b<4$ をもとにした式処理を行って考える。

(1) 不等式の各辺に同じ正の数を掛けても，大小関係は変わらない。

(2) 不等式の各辺に同じ負の数を掛けると，大小関係が逆になる。

(3) 不等式の各辺に同じ数を足しても，大小関係は変わらない。

(4) $a-b$ を $a+(-b)$ とみて，(3)と同様に考える。(2)を利用する。

解答　(1) $-2\leqq a<3$ の各辺に 2 を掛けて，$\mathbf{-4\leqq 2a<6}$

(2) $1\leqq b<4$ の各辺に -1 を掛けて，$-1\geqq -b>-4$

$\qquad$よって，$\mathbf{-4<-b\leqq -1}$

(3) $-2\leqq a<3$ の各辺に b を足して，

$\qquad -2+b\leqq a+b<3+b$ ……①

$\qquad 1\leqq b$ より，$-2+1\leqq -2+b$ ……②

$\qquad b<4$ より，$3+b<3+4$ ……③

$\qquad$①，②，③より，$-2+1\leqq a+b<3+4$

$\qquad$よって，$\mathbf{-1\leqq a+b<7}$

第
1
章

数と式

(4) $-2 \leqq a < 3$ の各辺に $-b$ を足して,

$\qquad -2-b \leqq a-b < 3-b \qquad \cdots\cdots$④

$\qquad -4 < -b$ より, $\quad -2-4 < -2-b \quad \cdots\cdots$⑤

$\qquad -b \leqq -1$ より, $\quad 3-b \leqq 3-1 \quad \cdots\cdots$⑥

$\qquad$ ④, ⑤, ⑥より, $\quad -2-4 < a-b < 3-1$

$\qquad$ よって, $\quad -6 < a-b < 2$

⚠注意 $<$ と $\leqq$ を間違えないように注意する。たとえば, (4)では, ④より, $a-b$ の値は $-2-b$ 以上であり, ⑤より, $-2-b$ のとりうる値は, $-2-4=-6$ より大きいので, $a-b$ のとりうる値は -6 より大きい。したがって, 不等号は $\leqq$ ではなく, $<$ である。

☐ **4**
教科書
p.42

$-\dfrac{1}{2} < a < 1$ のとき, $\sqrt{a^2-2a+1} + \sqrt{4a^2+4a+1}$ を計算せよ。

ガイド $\sqrt{}$ の中を $()^2$ の形に変形し, $\sqrt{A^2}=|A|=\begin{cases} A & (A \geqq 0) \\ -A & (A < 0) \end{cases}$ を使う。

解答 $\sqrt{a^2-2a+1} + \sqrt{4a^2+4a+1} = \sqrt{(a-1)^2} + \sqrt{(2a+1)^2}$

$\qquad\qquad\qquad\qquad\qquad\qquad = |a-1| + |2a+1|$

$-\dfrac{1}{2} < a < 1$ より, $a-1 < 0$, $0 < 2a+1$

$\sqrt{a^2-2a+1} + \sqrt{4a^2+4a+1} = |a-1| + |2a+1|$

$\qquad\qquad\qquad\qquad\qquad\qquad = -(a-1) + (2a+1)$

$\qquad\qquad\qquad\qquad\qquad\qquad = a+2$

☐ **5**
教科書
p.42

$a \neq 1$ とする。x についての不等式 $ax < x-2a$ において, $x=-1$, $x=3$ がいずれもこの不等式の解であるような定数 a の値の範囲を求めよ。

ガイド 不等式 $ax < x-2a$ に $x=-1$, $x=3$ を代入してできた a についての不等式がともに成り立つような a の値の範囲を求めればよい。

解答 不等式に $x=-1$ を代入して, $\quad -a < -1-2a \quad \cdots\cdots$①

$\qquad$ 不等式に $x=3$ を代入して, $\quad 3a < 3-2a \quad \cdots\cdots$②

$\qquad$ ①より, $\quad a < -1 \quad \cdots\cdots$①′

②より, $5a<3$ $a<\dfrac{3}{5}$ ……②′

①′, ②′ を同時に満たす a の値の範囲を求めて, $\boldsymbol{a<-1}$

これは $a \neq 1$ を満たす。

□ 6

教科書 p.42

不等式 $4 \leqq |x+2| < 5$ を解け。

ガイド $4 \leqq |x+2|$, $|x+2|<5$ を同時に満たす x の値の範囲を求める。

解答 $4 \leqq |x+2|$, すなわち, $|x+2| \geqq 4$ より,

$x+2 \leqq -4$, $4 \leqq x+2$

よって, $x \leqq -6$, $2 \leqq x$ ……①

$|x+2|<5$ より,

$-5 < x+2 < 5$

よって, $-7<x<3$ ……②

①, ②を同時に満たす x の値の

範囲を求めて,

$\boldsymbol{-7<x \leqq -6,\ 2 \leqq x<3}$

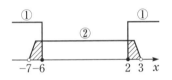

プラスワン 絶対値が4以上で5より小さい数は,「4以上で5より小さい数」,または,「−5より大きく −4以下の数」である。このように考えると,次のような別解が考えられる。

別解 $4 \leqq |x+2| < 5$ より,

$4 \leqq x+2 < 5$ ……③

または, $-5 < x+2 \leqq -4$ ……④

④, ③から, $\boldsymbol{-7<x \leqq -6,\ 2 \leqq x<3}$

───────────── B ─────────────

7 次の問いに答えよ。

教科書 **p.43**

(1) $x^4+x^2+1=(x^4+2x^2+1)-x^2$ と考えて，x^4+x^2+1 を因数分解せよ。

(2) x^4+4 を因数分解せよ。

ガイド (1) 問題の等式の右辺は $(2次式)^2-x^2$ の形に変形できるので，因数分解をすることが可能になる。

(2) (1)にならって，$(2次式)^2-(ax)^2$ の形に変形することを考える。

解答

(1) $x^4+x^2+1=(x^4+2x^2+1)-x^2$

$=(x^2+1)^2-x^2$

$=\{(x^2+1)+x\}\{(x^2+1)-x\}$

$=(x^2+x+1)(x^2-x+1)$

(2) $x^4+4=(x^4+4x^2+4)-4x^2$

$=(x^2+2)^2-(2x)^2$

$=\{(x^2+2)+2x\}\{(x^2+2)-2x\}$

$=(x^2+2x+2)(x^2-2x+2)$

8 $3\sqrt{6}$ の整数部分を a，小数部分を b とするとき，次の式の値を求めよ。

教科書 **p.43**

(1) $a+\dfrac{1}{b}$　　　　(2) $2a^2+2ab+b^2$

ガイド まず，$3\sqrt{6}=\sqrt{54}$ がどのような範囲にあるかを考える。

(2) a, b の値を直接代入してもよいが，式の形を観察し，計算が楽にできないか考えるとよい。

解答 $3\sqrt{6}=\sqrt{54}$ より，$\sqrt{49}<\sqrt{54}<\sqrt{64}$

よって，$7<3\sqrt{6}<8$ だから，$a=7$, $b=3\sqrt{6}-7$

(1) $a+\dfrac{1}{b}=7+\dfrac{1}{3\sqrt{6}-7}=7+\dfrac{3\sqrt{6}+7}{(3\sqrt{6}-7)(3\sqrt{6}+7)}$

$=7+\dfrac{3\sqrt{6}+7}{5}=\dfrac{42+3\sqrt{6}}{5}$

(2) $2a^2+2ab+b^2=a^2+a^2+2ab+b^2=a^2+(a+b)^2$

$a=7$, $a+b=3\sqrt{6}$ だから，求める値は，

$7^2+(3\sqrt{6})^2=49+54=\mathbf{103}$

☑ **9**
教科書
p.43　　不等式 $3x+a<4x<x+12$ を満たす整数 x がちょうど2個存在する
ような定数 a の値の範囲を求めよ。

ガイド　まず，$3x+a<4x<x+12$ を x についての連立不等式とみて解き，
　　　x の値の範囲が整数をちょうど2個含むような a の値の範囲を考える。

解答　$3x+a<4x$ より，　　$x>a$

　　　$4x<x+12$ より，　　$x<4$

　　　よって，連立不等式が解をもつとき，$a<4$
であり，その解は，　　$a<x<4$ ……①

　　　よって，①を満たす整数が2と3の2個に
なればよいので，求める a の値の範囲は，

　　　$1\leqq a<2$

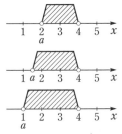

☑ **10**
教科書
p.43　　次の問いに答えよ。

(1) $0<a<b$ のとき，$\boxed{\ ア\ }<\dfrac{a}{b}<\boxed{\ イ\ }$，

　　　　　　　　　　$\boxed{\ ウ\ }<\dfrac{a}{a+b}<\boxed{\ エ\ }$，

　　　　　　　　　　$\boxed{\ オ\ }<\dfrac{b}{a+b}<\boxed{\ カ\ }$

　　　$\boxed{\ ア\ }$～$\boxed{\ カ\ }$ に入る数として最も適当なものを，次の⓪～④の
うちから1つずつ選べ。ただし，同じものを繰り返し選んでもよい。

　　　⓪　0　　　①　1　　　②　2　　　③　$\dfrac{1}{2}$　　　④　$\dfrac{3}{2}$

(2) 次の式の小数第1位を四捨五入した値を求めよ。

$$\frac{\sqrt{2}+\sqrt{5}}{\sqrt{2}+\sqrt{3}+\sqrt{5}+\sqrt{7}}$$

ガイド　(1) 不等式の基本性質を用いる。また，設問ウ～カでは，分子が同
　　　じ分数で挟むことによって，不等式の中央の値を絞り込むことを
　　　考える。

　　　(2) (1)の結果を利用する。

解答　(1) $0<a<b$ ……(i)

　　　(i)の各辺を $b\,(>0)$ で割って，　　$0<\dfrac{a}{b}<1$ ……(ii)

　　　$a<b$ の両辺に a を足して，　　$2a<a+b$

$a<b$ の両辺に b を足して，　　$a+b<2b$　……(iii)

よって，　　$2a<a+b<2b$

したがって，　　$\dfrac{a}{2b}<\dfrac{a}{a+b}<\dfrac{a}{2a}$

すなわち，　　$\dfrac{1}{2}\cdot\dfrac{a}{b}<\dfrac{a}{a+b}<\dfrac{1}{2}$

ここで，(ii)より，$0<\dfrac{a}{b}$ なので，　$0<\dfrac{1}{2}\cdot\dfrac{a}{b}$

ゆえに，　　　　$0<\dfrac{a}{a+b}<\dfrac{1}{2}$　……(iv)

また，$0<a$ の両辺に b を足して，　　$b<a+b$

これと(iii)より，　　$b<a+b<2b$

したがって，　　$\dfrac{b}{2b}<\dfrac{b}{a+b}<\dfrac{b}{b}$

すなわち，　　$\dfrac{1}{2}<\dfrac{b}{a+b}<1$

以上により，最も適当な選択肢は次のようになる。

ア：⓪　**イ**：①　**ウ**：⓪

エ：③　**オ**：③　**カ**：①

(2)　$\sqrt{2}<\sqrt{3}<\sqrt{5}<\sqrt{7}$ より，$\sqrt{2}+\sqrt{5}<\sqrt{3}+\sqrt{5}$，
$\sqrt{3}+\sqrt{5}<\sqrt{3}+\sqrt{7}$ なので，$\sqrt{2}+\sqrt{5}<\sqrt{3}+\sqrt{7}$ である。

よって，$a=\sqrt{2}+\sqrt{5}$，$b=\sqrt{3}+\sqrt{7}$ とおけば，$0<a<b$ で

あり，与式は $\dfrac{a}{a+b}$ と表される。

ゆえに，(iv)より，　　$0<\dfrac{a}{a+b}<\dfrac{1}{2}$

すなわち，　　$0<\dfrac{a}{a+b}<0.5$

したがって，与式の小数第 1 位は 4 以下なので，小数第 1 位を
四捨五入すると，**0** である。

┃プラスワン┃ (2)を分母を有理化したりして，計算処理によって近似値を求
めようとすると大変になる。(1)と(2)は一見関連がなさそうにも見える
が，大問の設問構成が(1)，(2)のようになっている場合は，(1)が(2)のヒ
ントになっていることが多く，「(2)では，(1)の結果をうまく利用するこ
とを考える」のが定石である。

☑ **11**
教科書
p.43

a を定数とするとき，不等式 $ax+2<x+2a$ を解け。

ガイド　まず，x について整理する。x の係数が文字式になるので，a の値によって場合分けをして考える。また，x の係数が 0 になった場合はどうなるのかも考える必要がある。

解答　移項して整理すると，　　$ax-x<2a-2$
　　　　　　　　　　　　　　　　$(a-1)x<2(a-1)$

両辺を負の数で割ると，
不等号の向きが変わる
ことに注意しよう。

(i)　$a-1>0$，すなわち，$a>1$ のとき，
　　両辺を $a-1$ で割って，　$x<2$

(ii)　$a-1<0$，すなわち，$a<1$ のとき，
　　両辺を $a-1$ で割って，　$x>2$

(iii)　$a-1=0$，すなわち，$a=1$ のとき，
　　与えられた不等式は，
　　　$x+2<x+2$
　　となるが，これを満たすような x は存在しない。
　　よって，$a=1$ のとき，　解はない。
　　ゆえに，(i)，(ii)，(iii)より，
　　　$a<1$ のとき，　$x>2$
　　　$a=1$ のとき，　　解なし
　　　$a>1$ のとき，　$x<2$

第2章　2次関数

第1節　関数とグラフ

1　関数

問 1　次の関数 $f(x)$ に対して，$f(-1)$，$f(2)$，$f(a-1)$ を求めよ。

教科書
p.47

(1)　$f(x)=4x-6$　　　　　　　(2)　$f(x)=x^2-1$

- -

ガイド　2つの変数 x，y があって，x の値を定めると，それに対応して y の値がただ1つ定まるとき，y は x の**関数**であるという。

　　　y が x の関数であることを，文字 f などを用いて，$\boldsymbol{y=f(x)}$ と表す。

　　　関数 $y=f(x)$ では，変数 x の値が a のとき，それに対応する y の値を $f(a)$ で表す。これを $x=a$ における関数 $f(x)$ の**値**という。

　　　問1では，$f(x)$ の x に，それぞれ -1, 2, $a-1$ を代入して計算する。

解答

(1)　$f(-1)=4\cdot(-1)-6=-4-6=\boldsymbol{-10}$

　　　$f(2)=4\cdot2-6=8-6=\boldsymbol{2}$

　　　$f(a-1)=4(a-1)-6=4a-4-6$

　　　　　　　$=\boldsymbol{4a-10}$

(2)　$f(-1)=(-1)^2-1=1-1=\boldsymbol{0}$

　　　$f(2)=2^2-1=4-1=\boldsymbol{3}$

　　　$f(a-1)=(a-1)^2-1=a^2-2a+1-1$

　　　　　　　$=\boldsymbol{a^2-2a}$

問 2　周の長さ 40 cm の長方形を作る。縦の長さを x cm，横の長さを y cm

教科書
p.47

として，y を x の関数で表し，この関数の定義域と値域を求めよ。

- -

ガイド　関数 $y=f(x)$ に対し，x のとる値の範囲を関数の**定義域**，x の値に対応して y のとる値の範囲を関数の**値域**という。

　　　定義域が制限された関数を表すとき，$\boldsymbol{y=f(x)}$　$\boldsymbol{(a\leqq x\leqq b)}$　のように書くことがある。

解答 　$2(x+y)=40$ を y について解いて，　$y=-x+20$

x，y は辺の長さを表すから，　$x>0$ かつ $y>0$

$y>0$ より，$-x+20>0$，$x<20$ であるから，**定義域は** 　$0<x<20$

$y=-x+20$ において，$x=0$ とすると $y=20$，$x=20$ とすると $y=0$ となることから，**値域は，**　　$0<y<20$

問 3 　次のような座標をもつ点は第何象限にあるか。

教科書 **p.48**

(1)　$(2,\ -3)$　　　(2)　$(2,\ 3)$　　　(3)　$(-2,\ 3)$　　　(4)　$(-2,\ -3)$

ガイド 　座標軸の定められた平面を，**座標平面** という。座標平面は，座標軸によって，右の図のように **第1象限**，**第2象限**，**第3象限**，**第4象限** の4つの部分に分けられる。なお，座標軸上の点はどの象限にも属さないものとする。

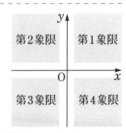

各象限内の点の x 座標，y 座標の符号は次のようになっている。

第1象限…(＋，＋)　　　　　第2象限…(－，＋)

第3象限…(－，－)　　　　　第4象限…(＋，－)

このことから，与えられた座標をもつ点がどの象限に存在するのかが判断できる。

解答 　(1)　**第4象限**　　(2)　**第1象限**　　(3)　**第2象限**　　(4)　**第3象限**

問 4 　次の関数の最大値，最小値を求めよ。

教科書 **p.49**

(1)　$y=x-5\ (-2\leqq x\leqq 2)$　　　　(2)　$y=-2x+3\ (1\leqq x\leqq 3)$

ガイド 　関数において，その値域に最も大きい値が存在するとき，その値をこの関数の**最大値**といい，その値域に最も小さい値が存在するとき，その値をこの関数の**最小値**という。

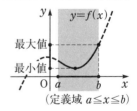

(定義域 $a\leqq x\leqq b$)

　関数の最大値・最小値を求めるには，グラフをかいてみるとわかりやすい。

解答▶ (1)　この関数のグラフは，点 $(0, -5)$ を通り，傾き 1 の直線の $-2 \leqq x \leqq 2$ に対応する部分で，右の図の実線部分 (ただし，• の点を含む) のようになる。

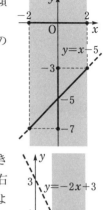

　　　したがって，値域は $-7 \leqq y \leqq -3$ となり，

　　　　$x = 2$ のとき**最大値 -3**

　　　　$x = -2$ のとき**最小値 -7**

　　をとる。

(2)　この関数のグラフは，点 $(0, 3)$ を通り，傾き -2 の直線の $1 \leqq x \leqq 3$ に対応する部分で，右の図の実線部分 (ただし，• の点を含む) のようになる。

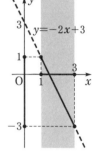

　　　したがって，値域は $-3 \leqq y \leqq 1$ となり，

　　　　$x = 1$ のとき**最大値 1**

　　　　$x = 3$ のとき**最小値 -3**

　　をとる。

┃プラスワン┃　定義域のとり方によって，最大値や最小値が存在しない場合もある。

　　　たとえば，$y = \dfrac{1}{2}x + 1 \ (-4 < x < 1)$

のグラフは右の図の実線部分 (ただし，。の点は含まない) のようになる。

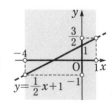

　　　したがって，値域は $-1 < y < \dfrac{3}{2}$ であり，値域に -1 も $\dfrac{3}{2}$ も含まないから，最大値も最小値も存在しない。

第2章　2次関数

2　2次関数のグラフ

■問 5　次の 2 次関数のグラフをかけ。

教科書 **p.50**　(1)　$y=3x^2$　　　　　　　　(2)　$y=-\dfrac{1}{3}x^2$

- -

ガイド　$y=x^2$, $y=-2x^2+1$, $y=3x^2-x+2$ のように，x の 2 次式で表される関数を，x の **2 次関数** という。一般に，x の 2 次関数は，a, b, c を定数，$a\neq0$ として，$y=ax^2+bx+c$ の形に表される。

2 次関数 $y=ax^2$（$b=c=0$ の場合）のグラフは次のようになる。

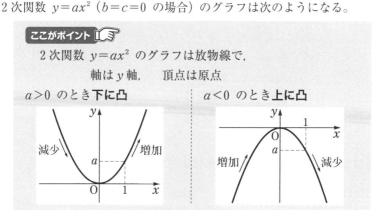

ここがポイント 👉

2 次関数 $y=ax^2$ のグラフは放物線で，

軸は y 軸，　　頂点は原点

$a>0$ のとき**下に凸**　　　　　　$a<0$ のとき**上に凸**

減少　　増加

増加　　減少

　(1)，(2)のグラフの軸はともに y 軸，頂点はともに原点であり，(1)は下に凸（上に開いた形）の放物線，(2)は上に凸（下に開いた形）の放物線となる。

　また，グラフをかくときは，頂点以外の適当な 1 点を示しておく。

解答　右の図

プラスワン　$y=ax^2$ のグラフでは，a の絶対値が大きいほど開き方は小さくなる。また，$y=ax^2$ と $y=-ax^2$ のグラフは，x 軸に関して対称になっている。

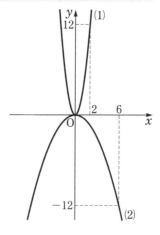

問 6 次の2次関数のグラフをかけ。また，頂点を求めよ。

教科書 **p.51**

(1) $y = x^2 + 4$　　　　(2) $y = -2x^2 + 8$　　　　(3) $y = -\dfrac{1}{2}x^2 - 3$

- -

ガイド 平面上で，図形を一定の向きに一定の距離だけ動かすことを，**平行移動**という。

> **ここがポイント** 👉
>
> 　2次関数 $y = ax^2 + q$ のグラフは，
> $y = ax^2$ のグラフを y 軸方向に q だけ平行移動した放物線で，
> 　　軸は y 軸，　頂点は点 $(0, q)$

(1) $y = x^2$（下に凸）のグラフを y 軸方向に 4 だけ平行移動させればよい。

(2) $y = -2x^2$（上に凸）のグラフを y 軸方向に 8 だけ平行移動させればよい。

(3) $y = -\dfrac{1}{2}x^2$（上に凸）のグラフを y 軸方向に -3 だけ平行移動させればよい。

解答▶

(1)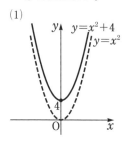

(2)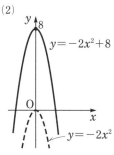

(3)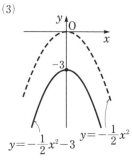

頂点は点 $(0, 4)$　　　頂点は点 $(0, 8)$　　　頂点は点 $(0, -3)$

> $y = ax^2 + q$ の形なら，$y = ax^2$ の
> グラフを上下に移動すればいいね。

／問 7　次の2次関数のグラフをかけ。また，軸と頂点を求めよ。

教科書
p.52
(1)　$y=(x-1)^2$　　　　　　　(2)　$y=\dfrac{1}{2}(x-2)^2$

(3)　$y=-2(x+1)^2$

- -

ガイド　点 $(p,\ 0)$ を通り，y軸に平行な直線を**直線 $x=p$** という。

> **ここがポイント** 🖝
> 　2次関数 $y=a(x-p)^2$ のグラフは，
> $y=ax^2$ のグラフをx軸方向にpだけ平行移動した放物線で，
> 　　　　軸は直線 $x=p$，　　頂点は点 $(p,\ 0)$

(1)　$y=x^2$ のグラフをx軸方向に1だけ平行移動させればよい。

(2)　$y=\dfrac{1}{2}x^2$ のグラフをx軸方向に2だけ平行移動させればよい。

(3)　$y=-2(x+1)^2=-2\{x-(-1)\}^2$ より，$y=-2x^2$ のグラフをx軸
　方向に -1 だけ平行移動させればよい。

解答　(1)
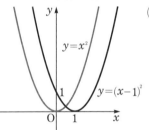
軸は直線 $x=1$
頂点は点 $(1,\ 0)$

(2)
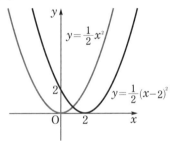
軸は直線 $x=2$
頂点は点 $(2,\ 0)$

(3)
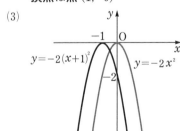

> $y=a(x-p)^2$ の形なら
> $y=ax^2$ のグラフを左右に
> 移動すればいいね。

軸は直線 $x=-1$
頂点は点 $(-1,\ 0)$

問 8 次の2次関数のグラフをかけ。また，軸と頂点を求めよ。

教科書
p.53　(1)　$y=(x+1)^2+3$　　(2)　$y=-(x-2)^2+1$　　(3)　$y=\dfrac{1}{3}(x+3)^2-2$

- -

ガイド

ここがポイント 👉 $[y=a(x-p)^2+q$ **のグラフ**$]$

　2次関数 $y=a(x-p)^2+q$ の
グラフは，

　　　$y=ax^2$ のグラフを

　　x軸方向に p，y軸方向に q
だけ平行移動した放物線で，

　　軸は直線 $x=p$，　　頂点は点 $(p,\ q)$

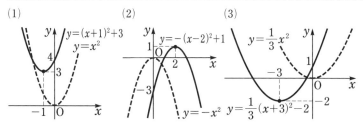

解答 ▶　(1)　　　　　　　　(2)　　　　　　　　(3)

(グラフ省略)

軸は直線 $x=-1$　　軸は直線 $x=2$　　軸は直線 $x=-3$
頂点は点 $(-1,\ 3)$　頂点は点 $(2,\ 1)$　頂点は点 $(-3,\ -2)$

- -

テク
ニック　2次関数 $y=a(x-p)^2+q$ のグラフのかき方

$$y=\boxed{a}(x-\boxed{p})^2+\boxed{q}$$

　$y=\boxed{a}x^2$ と同じ形　軸は直線 $x=\boxed{p}$　頂点は点 $(\boxed{p},\ \boxed{q})$

　グラフをかくときは，座標軸をかき，原点を定めてから，次の手順
で進めるとよい。

①　まず，頂点の位置を決める。

②　①で決めた頂点をもとにして，$y=ax^2$ と同じ形の放物線をかく。

③　さらに，2次関数の式に $x=0$ を代入して，y軸との交点のy座
　標の値を書く。

☑問 9 　次の2次関数を $y=a(x-p)^2+q$ の形に変形せよ。

教科書 **p.55**

(1) $y=x^2-5x$ 　　　　　　(2) $y=x^2+4x-1$

(3) $y=2x^2-8x-1$ 　　　　(4) $y=2x^2-3x+4$

(5) $y=-x^2+2x+3$ 　　　　(6) $y=-3x^2+3x+1$

- -

ガイド　2次式 ax^2+bx+c を $a(x-p)^2+q$ の形に変形することを **平方完成する**という。平方完成するには,

$$\left(x+\frac{p}{2}\right)^2=x^2+px+\left(\frac{p}{2}\right)^2 \text{ から導かれる式 } x^2+px=\left(x+\frac{p}{2}\right)^2-\left(\frac{p}{2}\right)^2$$

を利用する。

(3)～(6)　まず, 2次と1次の項から x^2 の係数をくくり出し, 括弧の中を x^2+px の形にしてから, 上の変形を考える。

解答

(1) $y=x^2-5x$

$\quad =\left(x-\dfrac{5}{2}\right)^2-\left(\dfrac{5}{2}\right)^2$

$\quad =\left(\boldsymbol{x}-\dfrac{5}{2}\right)^2-\dfrac{25}{4}$

(2) $y=x^2+4x-1$

$\quad =(x+2)^2-2^2-1$

$\quad =(x+2)^2-4-1$

$\quad =(\boldsymbol{x}+2)^2-5$

(3) $y=2x^2-8x-1$

$\quad =2(x^2-4x)-1$

$\quad =2\{(x-2)^2-2^2\}-1$

$\quad =2(x-2)^2-8-1$

$\quad =\boldsymbol{2(x-2)^2-9}$

(4) $y=2x^2-3x+4$

$\quad =2\left(x^2-\dfrac{3}{2}x\right)+4$

$\quad =2\left\{\left(x-\dfrac{3}{4}\right)^2-\left(\dfrac{3}{4}\right)^2\right\}+4$

$\quad =2\left(x-\dfrac{3}{4}\right)^2-\dfrac{9}{8}+4$

$\quad =2\left(\boldsymbol{x}-\dfrac{3}{4}\right)^2+\dfrac{23}{8}$

(5) $y=-x^2+2x+3$

$\quad =-(x^2-2x)+3$

$\quad =-\{(x-1)^2-1^2\}+3$

$\quad =-(x-1)^2+1+3$

$\quad =-(\boldsymbol{x}-1)^2+4$

(6) $y=-3x^2+3x+1$

$\quad =-3(x^2-x)+1$

$\quad =-3\left\{\left(x-\dfrac{1}{2}\right)^2-\left(\dfrac{1}{2}\right)^2\right\}+1$

$\quad =-3\left(x-\dfrac{1}{2}\right)^2+\dfrac{3}{4}+1$

$\quad =-3\left(\boldsymbol{x}-\dfrac{1}{2}\right)^2+\dfrac{7}{4}$

問 10 次の2次関数を $y=a(x-p)^2+q$ の形に変形し，グラフをかけ。

教科書
p.55

(1) $y=x^2-4x-2$ 　　　　　(2) $y=2x^2+8x+5$

(3) $y=-3x^2+6x+2$ 　　　　(4) $y=-x^2-3x$

- -

ガイド 平方完成して軸と頂点を調べ，さらに，y 軸との交点を求めてグラフをかく。

解答 (1) $\boldsymbol{y}=x^2-4x-2$
$\qquad =(x-2)^2-2^2-2$
$\qquad =\boldsymbol{(x-2)^2-6}$

より，$y=x^2$ のグラフを x 軸方向に 2，y 軸方向に -6 だけ平行移動した放物線で，軸が直線 $x=2$，頂点が点 $(2,\ -6)$ である。

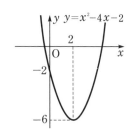

　また，$x=0$ のとき，$y=-2$ であるから，グラフは，y 軸と点 $(0,\ -2)$ で交わり，右の図のようになる。

(2) $\boldsymbol{y}=2x^2+8x+5=2(x^2+4x)+5$
$\qquad =2\{(x+2)^2-2^2\}+5$
$\qquad =\boldsymbol{2(x+2)^2-3}$

より，$y=2x^2$ のグラフを x 軸方向に -2，y 軸方向に -3 だけ平行移動した放物線で，軸が直線 $x=-2$，頂点が点 $(-2,\ -3)$ である。

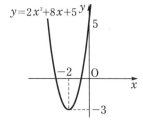

　また，$x=0$ のとき，$y=5$ であるから，グラフは，y 軸と点 $(0,\ 5)$ で交わり，右の図のようになる。

(3) $\boldsymbol{y}=-3x^2+6x+2$
$\qquad =-3(x^2-2x)+2$
$\qquad =-3\{(x-1)^2-1^2\}+2$
$\qquad =\boldsymbol{-3(x-1)^2+5}$

より，$y=-3x^2$ のグラフを x 軸方向に 1，y 軸方向に 5 だけ平行移動した放物線で，軸が直線 $x=1$，頂点が点 $(1, 5)$ である。

また，$x=0$ のとき，$y=2$ であるから，グラフは，y 軸と点 $(0, 2)$ で交わり，右の図のようになる。

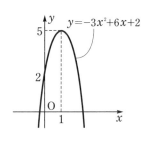

(4) $y=-x^2-3x=-(x^2+3x)$

$\qquad = -\left\{\left(x+\dfrac{3}{2}\right)^2-\left(\dfrac{3}{2}\right)^2\right\}$

$\qquad = -\left(x+\dfrac{3}{2}\right)^2+\dfrac{9}{4}$

より，$y=-x^2$ のグラフを x 軸方向に $-\dfrac{3}{2}$，y 軸方向に $\dfrac{9}{4}$ だけ平行移動した放物線で，軸が直線 $x=-\dfrac{3}{2}$，頂点が点 $\left(-\dfrac{3}{2}, \dfrac{9}{4}\right)$ である。

また，$x=0$ のとき，$y=0$ であるから，グラフは，y 軸と原点 O で交わり，右の図のようになる。

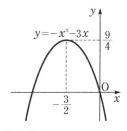

⚠注意　2次関数 $y=ax^2+bx+c$ のグラフを，その形から単に**放物線 $y=ax^2+bx+c$** といい，$y=ax^2+bx+c$ をこの**放物線の方程式**という。

┃プラスワン┃ 本問と同様にして，一般の 2 次関数 $y=ax^2+bx+c$ の右辺を平方完成することにより，次のことがわかる。

──────────────────────────────

ポイント プラス☞ **[$y=ax^2+bx+c$ のグラフ]**

2次関数 $y=ax^2+bx+c$ のグラフは，$y=ax^2$ のグラフを平行移動した放物線で，

軸は直線 $x=-\dfrac{b}{2a}$，　頂点は点 $\left(-\dfrac{b}{2a}, -\dfrac{b^2-4ac}{4a}\right)$

$a>0$ のとき下に凸，　$a<0$ のとき上に凸

第2章 2次関数

3 2次関数の決定

◢問 11 次の条件を満たす放物線をグラフとする 2 次関数を求めよ。

教科書 **p.57**

(1) 点 $(1, 3)$ を頂点とし，点 $(2, -1)$ を通る。

(2) 軸が直線 $x=-2$ で，2 点 $(0, 5)$，$(1, 20)$ を通る。

ガイド 頂点や軸がわかっているから，$y=a(x-p)^2+q$ の形の式を利用する。これに，通る点の座標を代入して方程式をつくり，文字の値を求める。

解答 (1) 頂点が点 $(1, 3)$ であるから，求める 2 次関数は，
$$y=a(x-1)^2+3$$
とおける。このグラフが点 $(2, -1)$ を通るから，
$$-1=a(2-1)^2+3$$
これより，　$a=-4$
よって，　$\boldsymbol{y=-4(x-1)^2+3}$

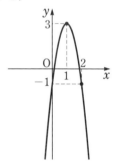

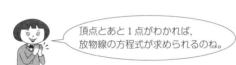

頂点とあと 1 点がわかれば，
放物線の方程式が求められるのね。

(2) 軸が直線 $x=-2$ であるから，求める 2 次関数は，
$$y=a(x+2)^2+q$$
とおける。このグラフが 2 点 $(0, 5)$，$(1, 20)$ を通るから，
$$\begin{cases} 4a+q=5 \\ 9a+q=20 \end{cases}$$
これを解いて，　$a=3$，$q=-7$
よって，　$\boldsymbol{y=3(x+2)^2-7}$

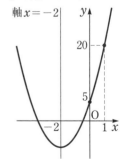

軸 $x=-2$

軸がわかっているときは，
あと 2 点がわかればいいんだね。

問 12 3点 $(-1, 7)$, $(2, 10)$, $(3, 19)$ を通る放物線をグラフとする2次関数を求めよ。

教科書
p.58

ガイド 3つの文字についての1次方程式を組にしたものを**連立3元1次方程式**という。これを解くには，1つの文字を消去し，残りの文字についての連立方程式を解けばよい。

グラフが通る3点がわかっているから，$y = ax^2 + bx + c$ の形の式を利用して，a, b, c についての3つの方程式をつくり，連立3元1次方程式を解く。

解答 求める2次関数を，$y = ax^2 + bx + c$ とおく。

この関数のグラフが，

点 $(-1, 7)$ を通るから，　$a - b + c = 7$　……①

点 $(2, 10)$ を通るから，　$4a + 2b + c = 10$　……②

点 $(3, 19)$ を通るから，　$9a + 3b + c = 19$　……③

②−①より，　$3a + 3b = 3$

すなわち，　$a + b = 1$　……④

③−①より，　$8a + 4b = 12$

すなわち，　$2a + b = 3$　……⑤

④，⑤を解いて，

　　$a = 2$, $b = -1$

これらを①に代入して，

　　$c = 4$

よって，　$\boldsymbol{y = 2x^2 - x + 4}$

> まず，1つの文字を消去するときは，①〜③で係数が等しい文字 c を消去するといいよ。

テクニック 2次関数を決定する方法

・標準形 $y = a(x - p)^2 + q$ を利用する。

……頂点の座標 (p, q) や軸の方程式 $x = p$ がわかっているときに有効である。

・一般形 $y = ax^2 + bx + c$ を利用する。

……グラフが通る3点がわかっているときに有効である。

問 13

教科書 **p.58**

3点 $(-2, 0)$, $(1, 0)$, $(0, -4)$ を通る放物線をグラフとする2次関数を求めよ。

ガイド　**問 12** と同様に，$y=ax^2+bx+c$ とおいて考える。

解答　求める2次関数を，$y=ax^2+bx+c$ とおく。この関数のグラフが，

点 $(-2, 0)$ を通るから，　　$4a-2b+c=0$ ……①

点 $(1, 0)$ を通るから，　　　$a+b+c=0$ ……②

点 $(0, -4)$ を通るから，　　　$c=-4$ ……③

③を①，②に代入して整理すると，

　$2a-b=2$ ……④　　　$a+b=4$ ……⑤

④，⑤を解いて，　$a=2$, $b=2$

よって，　$\boldsymbol{y=2x^2+2x-4}$

プラスワン　グラフが点 $(0, -4)$ を通ること（y 切片が -4 であること）から，求める2次関数は，$y=ax^2+bx-4$ とおくことができる。

この関数のグラフが2点 $(-2, 0)$, $(1, 0)$ を通ることから，a, b についての連立方程式を解き，関数を決定してもよい。

さらに，次のような別解も考えられる。

別解　グラフが2点 $(-2, 0)$, $(1, 0)$ を通ること，つまり，$y=0$ となる x の値が $x=-2$ または $x=1$ であることから，求める2次関数は，$y=a(x+2)(x-1)$ とおける。

この関数のグラフが点 $(0, -4)$ を通ることから，

$-4=a(0+2)(0-1)$,　　$-2a=-4$,　　$a=2$

したがって，求める2次関数は，　$y=2(x+2)(x-1)$

すなわち，　$\boldsymbol{y=2x^2+2x-4}$

第2章　2次関数

節末問題 | 第1節 関数とグラフ

1　次の関数のグラフをかけ。

(1)　$y=x^2-4$　　　　　　　　(2)　$y=-x^2-4x-3$

(3)　$y=\dfrac{1}{2}x^2+x-\dfrac{1}{4}$　　　　(4)　$y=(x-1)^2-2(x-1)+1$

ガイド　(2)～(4)　右辺を平方完成して，軸と頂点を調べる。また，$x=0$ を
代入して，y 軸との交点を求めておく。

解答　(1)　$y=x^2$ のグラフを y 軸方向に -4
だけ平行移動させればよい。

　　また，$y=x^2-4$ より，$y=0$ のとき
$x=\pm2$ であるから，x 軸と2点
$(-2,\ 0)$，$(2,\ 0)$ で交わり，右の図のよ
うになる。

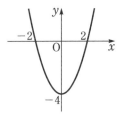

(2)　$y=-x^2-4x-3=-(x^2+4x)-3$
　　　$=-\{(x+2)^2-2^2\}-3=-(x+2)^2+1$

より，$y=-x^2$ のグラフを x 軸方向に
-2，y 軸方向に 1 だけ平行移動した
放物線で，軸が直線 $x=-2$，頂点が
点 $(-2,\ 1)$ である。

　　また，$x=0$ のとき $y=-3$ である
から，y 軸と点 $(0,\ -3)$ で交わり，右
の図のようになる。

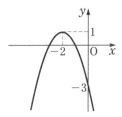

(3)　$y=\dfrac{1}{2}x^2+x-\dfrac{1}{4}=\dfrac{1}{2}(x^2+2x)-\dfrac{1}{4}$

　　　$=\dfrac{1}{2}\{(x+1)^2-1^2\}-\dfrac{1}{4}=\dfrac{1}{2}(x+1)^2-\dfrac{3}{4}$

より，$y=\dfrac{1}{2}x^2$ のグラフを x 軸方向に -1，y 軸方向に $-\dfrac{3}{4}$ だけ

平行移動した放物線で，軸が直線 $x=-1$，頂点が点 $\left(-1,\ -\dfrac{3}{4}\right)$

である。

また，$x=0$ のとき $y=-\dfrac{1}{4}$ である

から，y 軸と点 $\left(0,\ -\dfrac{1}{4}\right)$ で交わり，右
の図のようになる。

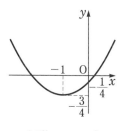

(4)　$y=(x-1)^2-2(x-1)+1$

$\qquad =x^2-2x+1-2x+2+1$

$\qquad =x^2-4x+4=(x-2)^2$

より，$y=x^2$ のグラフを x 軸方向に 2
だけ平行移動した放物線で，軸が直線
$x=2$，頂点が点 $(2,\ 0)$ である。

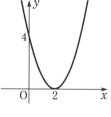

　また，$x=0$ のとき $y=4$ であるから，
y 軸と点 $(0,\ 4)$ で交わり，右の図のよ
うになる。

プラスワン　(4)　$y=(x-1)^2-2(x-1)+1=\{(x-1)-1\}^2$

　　　　　　より，この 2 次関数のグラフは，$y=(x-1)^2$ のグラフ，すなわち，
　　　　　　$y=x^2$ のグラフを x 軸方向に 1 だけ平行移動させたものを，さら
　　　　　　に x 軸方向に 1 だけ平行移動させたものと考えてもよい。

2
教科書
p.59

放物線 $y=\dfrac{1}{2}x^2+bx+c$ の頂点が点 $(1,\ 1)$ であるとき，定数 $b,\ c$ の
値を求めよ。

ガイド　放物線 $y=\dfrac{1}{2}x^2$ を，頂点が点 $(1,\ 1)$ となるように平行移動した放
物線の方程式を考え，それを展開して整理した式と与えられた放物線
の方程式を見比べる。

解答　放物線 $y=\dfrac{1}{2}x^2$ を，その頂点が点 $(1,\ 1)$ となるように，x 軸方向
に 1，y 軸方向に 1 だけ平行移動した放物線の方程式は，

$\qquad y=\dfrac{1}{2}(x-1)^2+1$　整理すると，　$y=\dfrac{1}{2}x^2-x+\dfrac{3}{2}$

これと与えられた放物線の方程式を見比べて，　$b=-1,\ c=\dfrac{3}{2}$

☑ **3**

教科書
p.59

次の条件を満たす放物線をグラフとする2次関数を求めよ。

(1) 点 $(-1, 4)$ を頂点とし，点 $(1, 2)$ を通る。

(2) 軸が直線 $x=3$ で，2点 $(1, -3)$，$(4, 3)$ を通る。

(3) 3点 $(-2, -9)$，$(2, -1)$，$(4, -3)$ を通る。

ガイド (1)，(2)　$y=a(x-p)^2+q$ の形の式を利用する。

(3)　$y=ax^2+bx+c$ の形の式を利用する。

解答▶ (1) 頂点が点 $(-1, 4)$ であるから，求める2次関数は，

$y=a(x+1)^2+4$ とおける。

この関数のグラフが点 $(1, 2)$ を通るから，　$2=a(1+1)^2+4$

これより，　$a=-\dfrac{1}{2}$　　よって，　$\boldsymbol{y=-\dfrac{1}{2}(x+1)^2+4}$

(2) 軸が直線 $x=3$ であるから，求める2次関数は，

$y=a(x-3)^2+q$ とおける。

この関数のグラフが2点 $(1, -3)$，$(4, 3)$ を通るから，

$4a+q=-3,\ a+q=3$

これより，　$a=-2,\ q=5$　　よって，　$\boldsymbol{y=-2(x-3)^2+5}$

(3) 求める2次関数を，$y=ax^2+bx+c$ とおく。

この関数のグラフが，

点 $(-2, -9)$ を通るから，　$4a-2b+c=-9$　……①

点 $(2, -1)$ を通るから，　$4a+2b+c=-1$　……②

点 $(4, -3)$ を通るから，　$16a+4b+c=-3$　……③

②-①より，　$4b=8$　すなわち，　$b=2$

③-②より，　$12a+2b=-2$

したがって，　$a=-\dfrac{b+1}{6}=-\dfrac{2+1}{6}=-\dfrac{1}{2}$

これらを①に代入して，　$c=-3$

よって，　$\boldsymbol{y=-\dfrac{1}{2}x^2+2x-3}$

☑ **4**

教科書
p.59

放物線 $y=-x^2$ を平行移動したものが，2点 $(-1, 6)$，$(2, 3)$ を通るとき，その放物線の頂点の座標を求めよ。また，そのときの放物線の方程式を求めよ。

ガイド　平行移動した放物線の方程式は，$y=-x^2+bx+c$ とおける。これ
が2点 $(-1,\ 6)$，$(2,\ 3)$ を通ることから，b，c の値を求める。

解答　放物線 $y=-x^2$ を平行移動した放物線の方程式は，
$y=-x^2+bx+c$ とおける。

このグラフが2点 $(-1,\ 6)$，$(2,\ 3)$ を通るから，

$$\begin{cases} -1-b+c=6 \\ -4+2b+c=3 \end{cases} \quad \text{すなわち，} \quad \begin{cases} b-c=-7 \\ 2b+c=7 \end{cases}$$

これを解いて，　$b=0$，$c=7$

よって，**放物線の方程式**は，$\boldsymbol{y=-x^2+7}$

頂点の座標は，$(0,\ 7)$

5　右の図の放物線において，頂点の y 座標
教科書
p.59　が -3 のとき，この放物線の方程式を求め
よ。

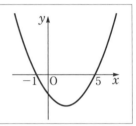

ガイド　放物線が軸に関して対称であることを利用して，軸の方程式を求め
ることにより，頂点の x 座標がわかる。

解答　放物線は軸に関して対称だから，軸は2点 $(-1,\ 0)$，$(5,\ 0)$ を結ぶ
線分の中点 $(2,\ 0)$ を通る。よって，軸の方程式は $x=2$ であり，頂点
の x 座標は2である。

求める放物線の方程式を $y=a(x-2)^2-3$ とおくと，点 $(5,\ 0)$ を通
ることから，$x=5$，$y=0$ を代入して，

$$0=a(5-2)^2-3 \qquad 9a=3 \qquad a=\frac{1}{3}$$

よって，この放物線の方程式は，　$\boldsymbol{y=\dfrac{1}{3}(x-2)^2-3}$

⚠注意　点 $(-1,\ 0)$ を通ることから，$x=-1$，$y=0$ を代入しても，同じ結
果が得られる。

第2節　2次関数の最大・最小

1　2次関数の最大・最小

問 14　次の2次関数の最大値，最小値があれば，それを求めよ。また，そのと
教科書
p.61　きの x の値も求めよ。

(1) $y = 2x^2 - 8x + 3$　　　　　　(2) $y = -3x^2 + 6x$

ガイド

ここがポイント 👉

2次関数 $y = a(x-p)^2 + q$ は，

$a > 0$ のとき	$a < 0$ のとき
$x = p$ で最小値 q をとり， 最大値はない。	$x = p$ で最大値 q をとり， 最小値はない。

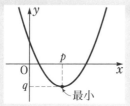
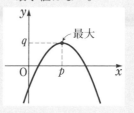

まず，それぞれの関数の式の右辺を平方完成する。

解答　(1) $y = 2x^2 - 8x + 3$

$\quad = 2(x-2)^2 - 5$

より，この関数のグラフは
下の図のようになるから，

$x = 2$ のとき，y は最小値 -5
をとり，**最大値はない。**

(2) $y = -3x^2 + 6x$

$\quad = -3(x-1)^2 + 3$

より，この関数のグラフは
下の図のようになるから，

$x = 1$ のとき，y は最大値 3
をとり，**最小値はない。**

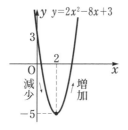
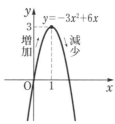

問 15　次の2次関数の最大値，最小値があれば，それを求めよ。また，そのと

教科書
p.62
きの x の値を求めよ。

(1)　$y=-2x^2+12x+2$ $(-1\leqq x\leqq2)$　(2)　$y=-x^2+6x+5$ $(1\leqq x\leqq4)$

(3)　$y=2x^2+4x+1$ $(0\leqq x\leqq3)$　　　　(4)　$y=x^2-8x$ $(2\leqq x\leqq6)$

(5)　$y=-x^2-2x+3$ $(-2<x<1)$

ガイド　まず，放物線の軸と頂点を求めてグラフをかき，定義域に該当する
のはどの部分かを確認する。このとき，(1)~(4)のように，定義域が
$a\leqq x\leqq b$ の形であれば，最大値・最小値をとるのは，頂点，または定
義域の端点であることに注意する。ただし，(5)のように，定義域の端
点が含まれない場合には，最大値や最小値が存在するとは限らない。

解答　(1)　関数 $y=-2x^2+12x+2$ $(-1\leqq x\leqq2)$
では，
$$y=-2x^2+12x+2=-2(x-3)^2+20$$
であるから，そのグラフは，右の図の実線
部分である。よって，

　　　$x=2$ **のとき，最大値 18**

　　　$x=-1$ **のとき，最小値 -12**

をとる。

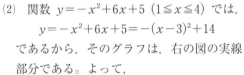

(2)　関数 $y=-x^2+6x+5$ $(1\leqq x\leqq4)$ では，
$$y=-x^2+6x+5=-(x-3)^2+14$$
であるから，そのグラフは，右の図の実線
部分である。よって，

　　　$x=3$ **のとき，最大値 14**

　　　$x=1$ **のとき，最小値 10**

をとる。

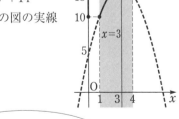

放物線の軸が定義域内に
あるときは，頂点で最大値
または最小値をとるよ。

(3)　関数 $y=2x^2+4x+1$ $(0\leqq x\leqq 3)$ では，

$$y=2x^2+4x+1=2(x+1)^2-1$$

であるから，そのグラフは，右の図の実線部分である。

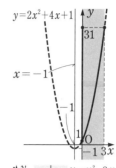

よって，

　　$x=3$ のとき，最大値 31

　　$x=0$ のとき，最小値 1

をとる。

(4)　関数 $y=x^2-8x$ $(2\leqq x\leqq 6)$ では，

$$y=x^2-8x=(x-4)^2-16$$

であるから，そのグラフは，右の図の実線部分である。

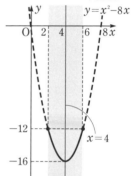

よって，

　　$x=2$, 6 のとき，最大値 -12

　　$x=4$ のとき，最小値 -16

をとる。

(5)　関数 $y=-x^2-2x+3$ $(-2<x<1)$ では，

$$y=-x^2-2x+3=-(x+1)^2+4$$

であるから，そのグラフは，右の図の実線部分である。端点が定義域に含まれないことに注意すると，

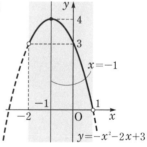

　　$x=-1$ のとき，最大値 4 をとり，

　　最小値はない。

(4)のように，最大値または最小値を与えるxの値が2つ存在する場合もあるよ。軸と端点の位置関係に注意しよう。

問 16

教科書
p.63

2次関数 $y=x^2+ax+b$ $(-2\leqq x\leqq 3)$ は，最大値 4 をとり，また，$x=1$ のとき最小となる。このとき，定数 a，b の値を求めよ。

ガイド　放物線 $y=x^2+ax+b$ は下に凸であり，$x=1$ で最小値をとることから，軸が定義域に含まれることに着目する。次に，定義域の左端，右端のうち，軸から遠い方で最大値をとることに着目する。

解答　$y=x^2+ax+b=\left(x+\dfrac{a}{2}\right)^2-\dfrac{a^2}{4}+b$

軸 $x=1$

$x=-2$　　$x=3$

この関数のグラフは，下に凸の放物線であり，定義域の両端以外の点 $x=1$ で最小となることから，この放物線の軸は $x=1$ である。

したがって，$-\dfrac{a}{2}=1$ より，$a=-2$

また，右の図より，最大値 4 をとるのは，$x=-2$ のときである。このことから，

$(-2)^2-2\cdot(-2)+b=4$　　　$b=-4$

よって，　**$a=-2$，$b=-4$**

⚠注意　一般に，下に凸の放物線では，軸から遠いほどその放物線を表す関数の値は大きくなり，上に凸の放物線では，軸から遠いほどその放物線を表す関数の値は小さくなる。

問 17

教科書
p.63

a を正の定数とするとき，2次関数 $y=(x-2)^2+5$ $(0\leqq x\leqq a)$ が $x=a$ で最小値をとるような定数 a の値の範囲を求めよ。

ガイド　グラフをかき，$x=a$ で最小値をとるためには，定義域に対応する部分がどのような状態であればよいかを考える。

解答　この関数のグラフの軸が $x=2$ であることから，$x=a$ で最小値をとるのは，右の図のように，$0\leqq x\leqq a$ の範囲で関数の値がつねに減少する場合である。

軸 $x=2$

$x=0$　$x=a$

よって，　**$0<a\leqq 2$**

⚠注意　$a=2$ のときも含まれることに注意する。

また，$a>2$ のときは，$x=2$ で最小値 5 をとる。

2 最大・最小の応用

問 18

教科書
p.64

幅が 12 cm の銅板がある。これを図のように端から一定の長さのところで 90° 折り曲げて水を流す溝を作る。切り口の面積を最大にするには，端から何 cm のところで折り曲げればよいか。また，そのときの切り口の面積を求めよ。

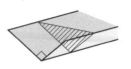

ガイド 切り口の図形は直角三角形となる。直角をはさむ2辺のうちの一方の長さを x cm とすると，他方の辺の長さは $(12-x)$ cm である。辺の長さが正であることから定義域を定め，その範囲内で面積が最大となるような x の値を求める。

解答▶ 切り口の図形は直角三角形であり，直角をはさむ2辺のうちの一方の辺の長さを x cm とすると，他方の辺の長さは $(12-x)$ cm となる。

$x>0$，$12-x>0$ より，$0<x<12$

この直角三角形の面積を y cm^2 とすると，

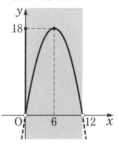

$$y=\frac{1}{2}x(12-x)=-\frac{1}{2}x^2+6x$$

$$=-\frac{1}{2}(x^2-12x)=-\frac{1}{2}(x-6)^2+18$$

この関数のグラフは，右の図の実線部分となるから，$x=6$ のとき，y は最大値 18 をとる。

よって，**端から 6 cm のところ**で折り曲げればよく，そのときの**切り口の面積**は **18 cm^2** である。

x の値の範囲には制約があり，これが定義域となるよ。まずは定義域を求めよう。

節末問題 | 第2節　2次関数の最大・最小

☐ **1**

教科書
p.65

次の2次関数の最大値と最小値を求めよ。

(1) $y = -x^2 + 8x$ $(2 \leqq x \leqq 6)$ 　　　(2) $y = 3x^2 + 2x - 1$ $(-2 \leqq x \leqq 0)$

(3) $y = 2x^2 - 3x + 3$ $(1 \leqq x \leqq 3)$

ガイド まず，$y = a(x-p)^2 + q$ の形に変形して，軸と頂点を求めてグラフ
をかいてみる。

解答 (1) 関数 $y = -x^2 + 8x$ $(2 \leqq x \leqq 6)$ では，

$$y = -x^2 + 8x = -(x-4)^2 + 16$$

であるから，そのグラフは，右の図の実線
部分である。よって，

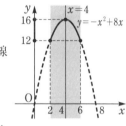

　　$x = 4$ **のとき，最大値** 16

　　$x = 2，6$ **のとき，最小値** 12

(2) 関数 $y = 3x^2 + 2x - 1$ $(-2 \leqq x \leqq 0)$ では，

$$y = 3x^2 + 2x - 1 = 3\left(x + \frac{1}{3}\right)^2 - \frac{4}{3}$$

であるから，そのグラフは，右の図の実線
部分である。よって，

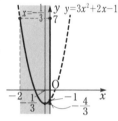

　　$x = -2$ **のとき，最大値** 7

　　$x = -\dfrac{1}{3}$ **のとき，最小値** $-\dfrac{4}{3}$

(3) 関数 $y = 2x^2 - 3x + 3$ $(1 \leqq x \leqq 3)$ では，

$$y = 2x^2 - 3x + 3 = 2\left(x - \frac{3}{4}\right)^2 + \frac{15}{8}$$

であるから，そのグラフは，右の図の実線
部分である。よって，

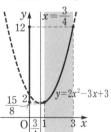

　　$x = 3$ **のとき，最大値** 12

　　$x = 1$ **のとき，最小値** 2

軸が定義域内にあるかどうか
必ず確認しよう。

☑ **2** 　2次関数 $y=x^2+ax+b$ が $x=2$ で最小値 -3 をとるような定数
教科書 a，b の値を求めよ。
p.65

ガイド 　2次関数 $y=x^2+ax+b$ のグラフは，下に凸の放物線であるから，
頂点で最小値をとる。

解答 　$y=x^2+ax+b=\left(x+\dfrac{a}{2}\right)^2-\dfrac{a^2}{4}+b$

　　この関数のグラフは，下に凸の放物線であり，$x=2$ で最小値をと
るから，軸は直線 $x=2$ である。したがって，

　　$-\dfrac{a}{2}=2$ 　　よって，　**$a=-4$**

　　また，最小値が -3 だから，

　　$-\dfrac{a^2}{4}+b=-3$ 　　よって，　**$b=1$**

別解 　$x=2$ で最小値 -3 をとり，x^2 の係数が 1 の
2次関数は，$y=(x-2)^2-3$ と表される。
　　すなわち，$y=x^2-4x+1$ である。
　　これが，2次関数 $y=x^2+ax+b$ と一致す
るので，　**$a=-4$，$b=1$**

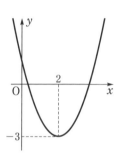

☑ **3** 　2次関数 $y=ax^2-2ax+b$（$-1\leqq x\leqq2$）の最大値が 5，最小値が
教科書 -3 となるような定数 a，b の値を求めよ。ただし，$a<0$ とする。
p.65

ガイド 　$a<0$ より，グラフは上に凸の放物線である。

解答 　$y=ax^2-2ax+b=a(x-1)^2-a+b$ ……①
　　この関数のグラフは，$a<0$ より，上に凸
の放物線で，軸は直線 $x=1$ である。

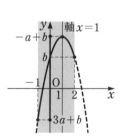

　　定義域が $-1\leqq x\leqq2$ より，この関数は，
$x=1$ で最大値をとり，$x=-1$ で最小値を
とる。①より，$x=1$ のとき，$y=-a+b$，
$x=-1$ のとき，$y=3a+b$ であるから，

$$\begin{cases} -a+b=5 & \cdots\cdots② \\ 3a+b=-3 & \cdots\cdots③ \end{cases}$$

　　②，③を解いて，　**$a=-2$，$b=3$** 　これは，$a<0$ を満たす。

□ **4**
教科書 **p.65**

a を正の定数とするとき，2次関数 $y=-2x^2+2x$ $(0\leqq x\leqq a)$ の最大値を求めよ。また，最小値を求めよ。

ガイド 定義域の一端に文字を含む関数について最大・最小を調べる。その文字の値により，最大・最小が変化する。定義域と放物線の軸の位置関係によって場合分けをする。

解答 $y=-2x^2+2x=-2\left(x-\dfrac{1}{2}\right)^2+\dfrac{1}{2}$

この関数のグラフは，上に凸の放物線で，軸は直線 $x=\dfrac{1}{2}$ である。

定義域と軸の位置関係により，次の図の①〜④のように場合分けする。

① $0<a<\dfrac{1}{2}$ 　　② $\dfrac{1}{2}\leqq a<1$ 　　③ $a=1$ 　　④ $a>1$

最大値は，軸が定義域内にないかあるかによって場合分けする。

(i) $0<a<\dfrac{1}{2}$ のとき，①より，$x=a$ で最大値 $-2a^2+2a$ をとる。

(ii) $a\geqq\dfrac{1}{2}$ のとき，②〜④より，$x=\dfrac{1}{2}$ で最大値 $\dfrac{1}{2}$ をとる。

最小値は，$x=0$ 以外に $y=0$ となる $x=1$ と，a の値を比較して場合分けする。

(i) $0<a<1$ のとき，①，②より，$x=0$ で最小値 0 をとる。

(ii) $a=1$ のとき，③より，$x=0$，1 で最小値 0 をとる。

(iii) $a>1$ のとき，④より，$x=a$ で最小値 $-2a^2+2a$ をとる。

最大値は， $0<a<\dfrac{1}{2}$ **のとき，** $x=a$ **で最大値** $-2a^2+2a$

$a\geqq\dfrac{1}{2}$ **のとき，** $x=\dfrac{1}{2}$ **で最大値** $\dfrac{1}{2}$

最小値は， $0<a<1$ **のとき，** $x=0$ **で最小値** 0

$a=1$ **のとき，** $x=0$，1 **で最小値** 0

$a>1$ **のとき，** $x=a$ **で最小値** $-2a^2+2a$

☑ **5**
教科書
p.65
　　　a を定数とするとき，2次関数 $y=x^2-2ax+a^2+1$ について，次の問いに答えよ。

(1)　この関数のグラフの軸と頂点を求めよ。

(2)　この関数の定義域を $0 \leqq x \leqq 2$ にしたときの最小値を求めよ。

ガイド (2)　係数に文字を含む関数の最小値を求める。本問の場合は定義域は固定で，軸 $(x=a)$ が動く。 **4** と同様に，定義域と軸の位置関係によって場合分けをする。

解答▶ (1)　$y=x^2-2ax+a^2+1=(x-a)^2+1$

より，この関数のグラフは，下に凸の放物線で，**軸は直線 $x=a$，頂点は点 $(a, 1)$** である。

(2)　定義域と軸の位置関係から，次の①～③のように場合分けする。

① 　$a<0$　　　　② 　$0 \leqq a<2$　　　③ 　$2 \leqq a$

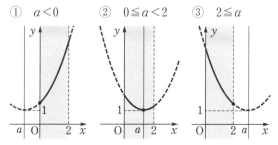

(ⅰ)　$a<0$ のとき，①より，$0 \leqq x \leqq 2$ の範囲で関数の値はつねに増加するから，$x=0$ で最小値をとり，その値は，
$$0^2-2a \cdot 0+a^2+1=a^2+1$$

(ⅱ)　$0 \leqq a<2$ のとき，②より，軸は定義域に含まれるから，関数は $x=a$ で最小値 1 をとる。

(ⅲ)　$2 \leqq a$ のとき，③より，$0 \leqq x \leqq 2$ の範囲で関数の値はつねに減少するから，$x=2$ で最小値をとり，その値は，
$$2^2-2a \cdot 2+a^2+1=a^2-4a+5$$

以上により，**$a<0$ のとき，$x=0$ で最小値 a^2+1**

　　　　　　　　$0 \leqq a<2$ のとき，$x=a$ で最小値 1

　　　　　　　　$2 \leqq a$ のとき，$x=2$ で最小値 a^2-4a+5

⚠**注意**　場合分けについては，範囲が重なっていなければ，**解答**と同じで
なくても構わない。たとえば，

  （i）　$a \leqq 0$ （ii）　$0 < a < 2$ （iii）　$2 \leqq a$

☐ **6**
教科書
p.65

 $AB = 5\ cm$，$AD = 10\ cm$ の長方形
ABCD がある。点 P は，B から出発して辺
BC 上を C まで毎秒 2 cm で進み，点 Q は，
P と同時に C から出発して辺 CD 上を D ま
で毎秒 1 cm で進む。P が C に着くまでに
P，Q 間の距離が最小となるのは，P，Q が出発してから何秒後か。また，
そのときの距離 PQ を求めよ。

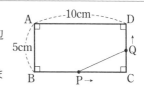

ガイド　まず，x 秒後における線分 PC，CQ の長さを求め，三平方の定理を
用いて線分 PQ の長さの 2 乗を y として，y を x の式で表す。x のと
り得る値の範囲に注意する。

解答　2 点 P，Q が出発してから x 秒後の線分 PC，CQ の長さはそれぞれ，
PC $= 10 - 2x$ (cm)，CQ $= x$ cm である。

 また，P，Q はいずれも C，D に 5 秒後に到着することから，x のと
りうる値の範囲は $0 \leqq x \leqq 5$ である。

 2 点 P，Q が出発してから x 秒後における 2 点 P，Q 間の距離の 2
乗を y とすると，三平方の定理により，

$$y = PC^2 + CQ^2$$
$$= (10 - 2x)^2 + x^2$$
$$= 5x^2 - 40x + 100$$
$$= 5(x - 4)^2 + 20$$

 この関数のグラフは，右の図の実線部
分となるから，$x = 4$ のとき，y は最小値
20 をとる。

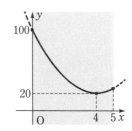

 よって，2 点 P，Q 間の距離が最小と
なるのは，P，Q が出発してから **4 秒後**
であり，そのとき，**PQ $= \sqrt{20} = 2\sqrt{5}$ (cm)**

第3節　2次関数と方程式・不等式

1　2次方程式

問 19　次の2次方程式を解け。

教科書 **p.67**

(1)　$x^2-2x-15=0$ 　　　　　(2)　$3x^2+4x-4=0$

(3)　$4x^2-12x+9=0$ 　　　　(4)　$3x=x^2$

ガイド　2次方程式 $ax^2+bx+c=0$ は，左辺が因数分解できる場合には，次の実数 A，B の積についての性質を用いて解くことができる。

$AB=0$ ならば，$A=0$ または $B=0$

(2)　たすき掛けの因数分解をする。

(3)　$4x^2=(2x)^2$ とみて因数分解する。

(4)　移項して，（2次式）$=0$ の形にする。

解答　(1)　左辺を因数分解すると，　$(x+3)(x-5)=0$
　　　　したがって，　$x+3=0$ または $x-5=0$
　　　　よって，方程式の解は，　**$x=-3,\ 5$**

(2)　左辺を因数分解すると，$(x+2)(3x-2)=0$
　　したがって，$x+2=0$ または $3x-2=0$
　　よって，方程式の解は，　**$x=-2,\ \dfrac{2}{3}$**

$$\begin{array}{ccc} 1 & \diagdown & 2 \longrightarrow 6 \\ 3 & \diagup & -2 \longrightarrow -2 \\ \hline 3 & -4 & 4 \end{array}$$

(3)　左辺を因数分解すると，　$(2x-3)^2=0$
　　よって，方程式の解は，　**$x=\dfrac{3}{2}$**

(4)　移項して整理すると，　$x^2-3x=0$
　　左辺を因数分解すると，$x(x-3)=0$
　　したがって，$x=0$ または $x-3=0$
　　よって，方程式の解は，　**$x=0,\ 3$**

⚠注意　(3)の解は，2次方程式の2つの解が重なったものと考えられる。このような解を**重解**という。

問 20　次の2次方程式を解け。

教科書 **p.68**

(1)　$x^2-x-3=0$ 　　　　　(2)　$4x^2-4x+1=0$

(3)　$x^2+3x+1=0$ 　　　　(4)　$x-1=2x^2-3$

ガイド

ここがポイント 👉 ［2次方程式の解の公式］

2次方程式 $ax^2+bx+c=0$ は，$b^2-4ac \geqq 0$ のとき実数の

解をもち，その解は，$x=\dfrac{-b\pm\sqrt{b^2-4ac}}{2a}$

(1) 公式に $a=1$，$b=-1$，$c=-3$ を代入する。符号に注意する。

(4) 移項して整理し，$ax^2+bx+c=0$ の形にしてから公式を使う。

解答

(1) $x=\dfrac{-(-1)\pm\sqrt{(-1)^2-4\cdot1\cdot(-3)}}{2\cdot1}=\dfrac{1\pm\sqrt{13}}{2}$

(2) $x=\dfrac{-(-4)\pm\sqrt{(-4)^2-4\cdot4\cdot1}}{2\cdot4}=\dfrac{4\pm\sqrt{0}}{8}=\dfrac{1}{2}$

(3) $x=\dfrac{-3\pm\sqrt{3^2-4\cdot1\cdot1}}{2\cdot1}=\dfrac{-3\pm\sqrt{5}}{2}$

(4) 移項して整理すると，　$2x^2-x-2=0$

$x=\dfrac{-(-1)\pm\sqrt{(-1)^2-4\cdot2\cdot(-2)}}{2\cdot2}=\dfrac{1\pm\sqrt{17}}{4}$

別解

(2) 左辺を因数分解すると，　$(2x-1)^2=0$

よって，方程式の解は，　$x=\dfrac{1}{2}$

問 21　次の2次方程式を解け。

教科書
p.68

(1) $x^2+2x-5=0$　　　　　　(2) $2x^2-4x+1=0$

- -

ガイド　2次方程式の解の公式で，$b=2b'$ とおいて計算すると，最後に分母・分子が2で約分されて，次の公式が得られる。

ここがポイント 👉

2次方程式 $ax^2+2b'x+c=0$ は，$b'^2-ac \geqq 0$ のとき実数

解をもち，その解は，$x=\dfrac{-b'\pm\sqrt{b'^2-ac}}{a}$

(1) $2b'=2$ より，　$b'=1$　　(2) $2b'=-4$ より，　$b'=-2$

解答

(1) $x=\dfrac{-1\pm\sqrt{1^2-1\cdot(-5)}}{1}=-1\pm\sqrt{6}$

(2) $x=\dfrac{-(-2)\pm\sqrt{(-2)^2-2\cdot1}}{2}=\dfrac{2\pm\sqrt{2}}{2}$

問 22 次の 2 次方程式の実数解の個数を調べよ。

教科書 **p.70**

(1) $3x^2 - 2x - 4 = 0$　　　　　(2) $9x^2 - 6x + 1 = 0$

(3) $3x^2 + 5 = 0$　　　　　　　(4) $(x+1)(x+2) = 3$

- -

ガイド

ここがポイント 👉

　2 次方程式 $ax^2 + bx + c = 0$ の**判別式**を $D = b^2 - 4ac$ とすると，その実数解の個数について次のことがいえる。

$D > 0 \iff$ **異なる 2 つの実数解をもつ**⎫ **実数解をもつ**
$D = 0 \iff$ **ただ 1 つの実数解 (重解) をもつ**⎭
$D < 0 \iff$ **実数解をもたない**

(4) $ax^2 + bx + c = 0$ の形に整理してから判別式を考える。

解答 与えられた 2 次方程式の判別式を D とする。

(1) $D = (-2)^2 - 4 \cdot 3 \cdot (-4) = 52 > 0$ であるから，**2 個**

(2) $D = (-6)^2 - 4 \cdot 9 \cdot 1 = 0$ であるから，　　　**1 個**

(3) $D = 0^2 - 4 \cdot 3 \cdot 5 = -60 < 0$ であるから，　　**0 個**

(4) 整理すると，$x^2 + 3x - 1 = 0$
　　 $D = 3^2 - 4 \cdot 1 \cdot (-1) = 13 > 0$ であるから，　　**2 個**

ポイント プラス 👉

　2 次方程式 $ax^2 + 2b'x + c = 0$ では，
$D = 4b'^2 - 4ac = 4(b'^2 - ac)$ であるから，判別式として
$\dfrac{D}{4} = b'^2 - ac$ を用いてもよい。

別解 (1) $2b' = -2$ より，　$b' = -1$
　　　 $\dfrac{D}{4} = (-1)^2 - 3 \cdot (-4) = 13 > 0$ であるから，　**2 個**

(2) $2b' = -6$ より，$b' = -3$
　　 $\dfrac{D}{4} = (-3)^2 - 9 \cdot 1 = 0$ であるから，　**1 個**

(3) $2b' = 0$ より，$b' = 0$
　　 $\dfrac{D}{4} = 0^2 - 3 \cdot 5 = -15 < 0$ であるから，　**0 個**

問 23
教科書
p.70
2次方程式 $3x^2-x-m=0$ が異なる2つの実数解をもつような定数 m の値の範囲を求めよ。

ガイド　2次方程式の判別式に対する条件 $D>0$ より，m についての不等式を作り，それを解けばよい。

解答　この2次方程式の判別式を D とすると，
$$D=(-1)^2-4\cdot3\cdot(-m)=1+12m$$
2次方程式が異なる2つの実数解をもつのは，$D>0$ のときである。
したがって，$1+12m>0$ より，　$m>-\dfrac{1}{12}$

問 24
教科書
p.70
2次方程式 $x^2+3x+m+1=0$ が実数解をもつような定数 m の値の範囲を求めよ。

ガイド　2次方程式の判別式を D とすると，
$$D>0 \iff 異なる2つの実数解をもつ$$
$$D=0 \iff ただ1つの実数解（重解）をもつ$$
　　　　実数解をもつ
であるから，2次方程式が実数解をもつ条件は，$D\geqq0$ である。

解答　この2次方程式の判別式を D とすると，
$$D=3^2-4\cdot1\cdot(m+1)=5-4m$$
2次方程式が実数解をもつのは，$D\geqq0$ のときである。
したがって，$5-4m\geqq0$ より，　$m\leqq\dfrac{5}{4}$

問 25
教科書
p.71
2次方程式 $x^2+2mx+3(m+6)=0$ が重解をもつような定数 m の値を求めよ。また，そのときの重解を求めよ。

ガイド　2次方程式の判別式 D に対する条件 $D=0$ より，m についての方程式を作り，それを解けばよい。求めた m の値に対応する方程式を解いて，重解を求める。

解答　この2次方程式の判別式を D とすると，
$$D=(2m)^2-4\cdot1\cdot3(m+6)=4m^2-12m-72$$
2次方程式が重解をもつのは，$D=0$ のときであるから，
$$4m^2-12m-72=0 \qquad m^2-3m-18=0$$
$$(m+3)(m-6)=0$$

　　　したがって，$m=-3$，6

　　　$m=-3$ のとき，方程式は，$x^2-6x+9=0$ となり，$(x-3)^2=0$
であるから，重解は，　$x=3$

　　　$m=6$ のとき，方程式は，$x^2+12x+36=0$ となり，

　　　　　　$(x+6)^2=0$

であるから，重解は，$x=-6$

　　　よって，$m=-3$ のとき，**重解は**　$x=3$

　　　　　　　$m=6$　のとき，**重解は**　$x=-6$

┃**プラスワン**┃　2次方程式の重解については，次のことが成り立つ。

> **ポイント プラス** ☞
>
> 　　2次方程式 $ax^2+bx+c=0$ は，$D=b^2-4ac=0$ のとき，
> 重解をもち，その解は，$x=-\dfrac{b}{2a}$ である。

　　mの値を求めた後，重解は次のようにして求めることもできる。

別解▶　　2次方程式 $x^2+2mx+3(m+6)=0$ の重解は，

$$x=-\frac{2m}{2\cdot1}=-m$$

　　よって，$m=-3$ のとき，**重解は**　$x=3$

　　　　　　$m=6$　のとき，**重解は**　$x=-6$

2　2次関数のグラフと x 軸の共有点

◢問 26　次の2次関数のグラフと x 軸の共有点は何個あるか調べよ。

教科書
p.73

(1)　$y=2x^2-3x-1$　　　　　　(2)　$y=-4x^2+4x-1$

(3)　$y=3x^2+x+1$

- -

ガイド　　2次関数 $y=ax^2+bx+c$ のグラフと x 軸の共有点の x 座標は，2次方程式 $ax^2+bx+c=0$ の実数解である。したがって，共有点の個数は2次方程式の実数解の個数と一致し，判別式 $D=b^2-4ac$ の符号で決まる。

　　　また，放物線（2次関数のグラフ）と x 軸との共有点が1個のとき，放物線と x 軸は**接する**といい，その共有点を**接点**という。

2次関数 $y=ax^2+bx+c$ のグラフと x 軸の位置関係は，次のようにまとめることができる。

D の符号	$D>0$	$D=0$	$D<0$
x 軸との位置関係	異なる2点で交わる	接する	共有点をもたない
$a>0$ （下に凸）	交点　交点 x	接点 x	x
$a<0$ （上に凸）	x	x	x
共有点の個数	2個	1個	0個

解答

(1) 2次方程式 $2x^2-3x-1=0$ の判別式Dが，
$$D=(-3)^2-4\cdot2\cdot(-1)=17>0$$
であるから，2次関数 $y=2x^2-3x-1$ のグラフと x 軸の共有点は**2個**である。

(2) 2次方程式 $-4x^2+4x-1=0$ の判別式Dが，
$$D=4^2-4\cdot(-4)\cdot(-1)=0$$
であるから，2次関数 $y=-4x^2+4x-1$ のグラフと x 軸の共有点は**1個**である。

(3) 2次方程式 $3x^2+x+1=0$ の判別式Dが，
$$D=1^2-4\cdot3\cdot1=-11<0$$
であるから，2次関数 $y=3x^2+x+1$ のグラフと x 軸の共有点は**0個**である。

プラスワン (2)では，2次方程式 $-4x^2+4x-1=0$ の両辺に -1 を掛けて，$4x^2-4x+1=0$ としてから，その判別式をDとして，
$D=(-4)^2-4\cdot4\cdot1=0$ としてもよい。

また，x の係数が偶数であることから，
$$\frac{D}{4}=2^2-(-4)\cdot(-1)=0$$ としてもよい。

参考　放物線と直線の共有点　　　　　〈発展〉〈数学Ⅱ〉

▮問 1　次の放物線と直線の共有点の座標を求めよ。

教科書
p.74　　(1)　$y=x^2-3x+1$,　$y=x-2$

　　　　　(2)　$y=-2x^2-5x+3$,　$y=3x+11$

- -

ガイド　放物線 $y=ax^2+bx+c$ と直線 $y=mx+n$ が共有点をもつとき，
その共有点の座標を求めるには，2つの方程式を連立させて解けばよい。

解答▶　(1)　2つの方程式を連立させてyを消去すると，

$$x^2-3x+1=x-2 \qquad x^2-4x+3=0$$

これを解くと，　$x=1,\ 3$

$x=1$ のとき，　$y=-1$

$x=3$ のとき，　$y=1$

よって，共有点の座標は，　**(1, −1), (3, 1)**

(2)　2つの方程式を連立させてyを消去すると，

$$-2x^2-5x+3=3x+11$$

$$-2x^2-8x-8=0 \qquad x^2+4x+4=0$$

これを解くと，　$x=-2$　このとき，　$y=5$

よって，共有点の座標は，　**(−2, 5)**

┃プラスワン┃　(1), (2)のそれぞれの場合を図に表すと，次のようになる。

(1)
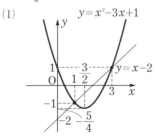

(2)
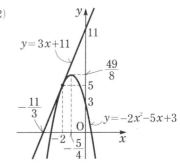

(2)のように，放物線と直線の共有点が1個のとき，放物線と直線は
接するといい，この共有点を**接点**という。

⚠注意　x軸の方程式は $y=0$ であるから，放物線とx軸との共有点は，放
物線と直線 $y=0$ との共有点である。

3 2次不等式とその解

問 27 次の2次不等式を解け。

教科書 **p.76**

(1) $x^2-5x+6\leqq0$ 　　　　　(2) $2x^2-7x-4\geqq0$

(3) $x^2+x-4>0$ 　　　　　(4) $2x^2-2x-3\leqq0$

(5) $-x^2+6x-5>0$ 　　　　　(6) $-x^2-5x-3\leqq0$

第2章 2次関数

ガイド x についての不等式で，すべての項を左辺に移項して整理したとき，

$$ax^2+bx+c>0, \quad ax^2+bx+c\leqq0 \quad (a\neq0)$$

のように，左辺が x の2次式になるものを**2次不等式**という。

　2次不等式を解くときは，2次関数のグラフと x 軸の位置関係(上下関係)に着目して考えるとよい。

　たとえば，2次不等式 $x^2-6x+8>0$ ……① を解いてみよう。

　x 軸との交点の x 座標を求めると，$x^2-6x+8=0$，$(x-2)(x-4)=0$ より，$x=2$, 4 であるから，2次関数 $y=x^2-6x+8$ のグラフの略図をかくと右のようになる。①の解は，$y>0$ となる x の値の範囲に対応するから，求める解は，$x<2$, $4<x$ である。同様にして，$x^2-6x+8<0$ の解は，$y<0$ となる x の値の範囲に対応し，$2<x<4$ となる。一般的手順をまとめると，次のようになる。

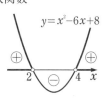

① (左辺)$=0$ とおいた2次方程式の解(x 軸との交点の x 座標)を求める。

② 2次関数のグラフの略図をかき，解の存在範囲を確認する。

　また，(5), (6)では，両辺に -1 を掛けて x^2 の係数を正になるようにするとよい。ただし，不等号の向きが反対になることに注意する。

解答 (1) 2次方程式 $x^2-5x+6=0$ を解くと，

$(x-2)(x-3)=0$ より，　$x=2$, 3

右のグラフで，$y\leqq0$ となる x の値の範囲を求めて，　**$2\leqq x\leqq3$**

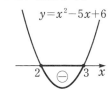

(2)　2次方程式 $2x^2-7x-4=0$ を解くと，

$(2x+1)(x-4)=0$ より，

$x=-\dfrac{1}{2}$, 4

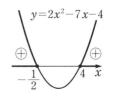

$y=2x^2-7x-4$

右のグラフで，$y \geqq 0$ となる x の値

の範囲を求めて，　$x \leqq -\dfrac{1}{2}$, $4 \leqq x$

(3)　2次方程式 $x^2+x-4=0$ を解くと，

$x=\dfrac{-1\pm\sqrt{17}}{2}$

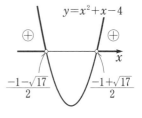

$y=x^2+x-4$

右のグラフで，$y>0$ となる x の値
の範囲を求めて，

$x<\dfrac{-1-\sqrt{17}}{2}$, $\dfrac{-1+\sqrt{17}}{2}<x$

(4)　2次方程式 $2x^2-2x-3=0$ を解くと，

$x=\dfrac{1\pm\sqrt{7}}{2}$

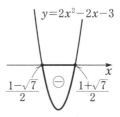

$y=2x^2-2x-3$

右のグラフで，$y \leqq 0$ となる x の値
の範囲を求めて，

$\dfrac{1-\sqrt{7}}{2} \leqq x \leqq \dfrac{1+\sqrt{7}}{2}$

(5)　両辺に -1 を掛けて，　$x^2-6x+5<0$

2次方程式 $x^2-6x+5=0$ を解くと，

$(x-1)(x-5)=0$ より，　$x=1$, 5

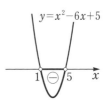

$y=x^2-6x+5$

右のグラフで，$y<0$ となる x の値の範
囲を求めて，　$1<x<5$

(6)　両辺に -1 を掛けて，　$x^2+5x+3 \geqq 0$

2次方程式 $x^2+5x+3=0$ を解くと，

$x=\dfrac{-5\pm\sqrt{13}}{2}$

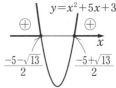

$y=x^2+5x+3$

右のグラフで，$y \geqq 0$ となる x の値の範囲

を求めて，　$x \leqq \dfrac{-5-\sqrt{13}}{2}$, $\dfrac{-5+\sqrt{13}}{2} \leqq x$

┃プラスワン┃　2次関数 $y=ax^2+bx+c$ のグラフが x 軸と異なる2点で
交わる場合の2次不等式の解についてまとめると，次のようになる。

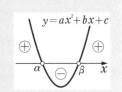

ここがポイント 👉

$a>0$, $D=b^2-4ac>0$ のとき，

$ax^2+bx+c=0$ の異なる2つの実数解を

α, β $(\alpha<\beta)$ とすると，

$ax^2+bx+c>0$ の解は，$x<\alpha$, $\beta<x$

$ax^2+bx+c<0$ の解は，$\alpha<x<\beta$

とくに，

$(x-\alpha)(x-\beta)>0$ の解は，$x<\alpha$, $\beta<x$

$(x-\alpha)(x-\beta)<0$ の解は，$\alpha<x<\beta$

問 28 次の2次不等式を解け。

教科書 **p.77**

(1) $x^2+10x+25\geqq0$ 　　　(2) $9x^2-12x+4\leqq0$

(3) $x^2+6x>-9$ 　　　(4) $-x^2-4>4x$

ガイド 2次関数のグラフがx軸と接する場合である。**問 27** と同様にグラフの略図をかいて考え，頂点（接点）のx座標が含まれるか，含まれないかに注意する。

解答 (1) $x^2+10x+25=(x+5)^2$ より，

2次関数 $y=x^2+10x+25$ のグラフは右の図のようになるから，$x^2+10x+25\geqq0$ の解は，　**すべての実数**

(2) $9x^2-12x+4=(3x-2)^2$ より，

2次関数 $y=9x^2-12x+4=(3x-2)^2$ のグラフは右の図のようになるから，

$9x^2-12x+4\leqq0$ の解は，　$x=\dfrac{2}{3}$

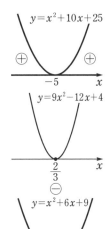

(3) -9 を左辺に移項して，　$x^2+6x+9>0$

$x^2+6x+9=(x+3)^2$ より，

2次関数 $y=x^2+6x+9=(x+3)^2$ のグラフは右の図のようになるから，$x^2+6x>-9$ の解は，　**−3以外のすべての実数**

(4) $4x$ を左辺に移項して，　$-x^2-4x-4>0$

両辺に -1 を掛けて，　　$x^2+4x+4<0$

$x^2+4x+4=(x+2)^2$ より，

2次関数 $y=x^2+4x+4=(x+2)^2$ のグラフは右の図のようになるから，

$-x^2-4>4x$ の解は，　**ない**

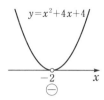

ポイント プラス☞

$a>0$，$D=b^2-4ac=0$ のとき，

$ax^2+bx+c=0$ の重解を α とすると，

$ax^2+bx+c>0$ の解は，

　　　　　　α 以外のすべての実数

$ax^2+bx+c<0$ の解は，**ない**

$ax^2+bx+c\geqq0$ の解は，**すべての実数**

$ax^2+bx+c\leqq0$ の解は，**$x=\alpha$**

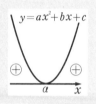

■問 29　次の2次不等式を解け。

教科書
p.77
(1)　$x^2-x+1>0$　　　　　　(2)　$2x^2+x+1<0$

(3)　$4x^2+x\geqq-2$　　　　　(4)　$-3x^2+2x\geqq1$

ガイド　2次関数のグラフが x 軸と共有点をもたない場合である。まず，x^2 の係数が正になるようにしたうえで，左辺を平方完成し，頂点の y 座標が正であることから，x 軸との共有点がないことを確認する。

解答▶ (1)　$x^2-x+1=\left(x-\dfrac{1}{2}\right)^2+\dfrac{3}{4}$

より，2次関数 $y=x^2-x+1$ のグラフは右の図のようになる。

よって，$x^2-x+1>0$ の解は，

すべての実数

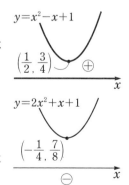

(2)　$2x^2+x+1=2\left(x+\dfrac{1}{4}\right)^2+\dfrac{7}{8}$

より，2次関数 $y=2x^2+x+1$ のグラフは右の図のようになる。

よって，$2x^2+x+1<0$ の解は，　**ない**

(3)　-2 を左辺に移項して，

$$4x^2+x+2 \geqq 0$$

$$4x^2+x+2=4\left(x+\frac{1}{8}\right)^2+\frac{31}{16}$$

より，2次関数 $y=4x^2+x+2$ のグラフは
右の図のようになる。

よって，$4x^2+x \geqq -2$ の解は，

すべての実数

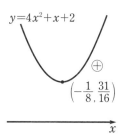

(4)　1 を左辺に移項して，$-3x^2+2x-1 \geqq 0$
両辺に -1 を掛けて，$3x^2-2x+1 \leqq 0$

$$3x^2-2x+1=3\left(x-\frac{1}{3}\right)^2+\frac{2}{3}$$

より，2次関数 $y=3x^2-2x+1$ のグラフ
は右の図のようになる。

よって，$-3x^2+2x \geqq 1$ の解は，　**ない**

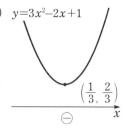

ポイント プラス

$a>0$，$D=b^2-4ac<0$ のとき，

$ax^2+bx+c>0\ (\geqq 0)$ **の解は，**

すべての実数

$ax^2+bx+c<0\ (\leqq 0)$ **の解は，ない**

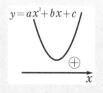

プラスワン　2次関数のグラフが x 軸と共有点をもたないことの確認は，
（左辺）$=0$ とおいた2次方程式の判別式を D としたとき，$D<0$ とな
ることからも確認できる。これを用いると，たとえば，(1)は次のよう
に処理できる。

別解　(1)　2次方程式 $x^2-x+1=0$ の判別式を D とすると，

$$D=(-1)^2-4\cdot 1\cdot 1=-3<0 \ \ なので，\ x^2-x+1>0 \ の解は，$$

すべての実数

問 30　次の2次不等式を解け。

教科書
p.78

(1)　$x^2+2x>0$　　　　　　　　　(2)　$x^2-4x-2 \leqq 0$

(3)　$4x-x^2 \geqq 4$　　　　　　　　(4)　$4x^2-12x+9>0$

(5)　$-x^2-x-4<0$　　　　　　　(6)　$x^2+2x+3 \leqq 0$

ガイド　$a>0$ のときの2次方程式・不等式の解は，次の表のようになる。

$D=b^2-4ac$ の符号	$D>0$	$D=0$	$D<0$
$y=ax^2+bx+c$ のグラフ	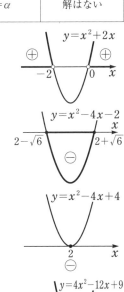		
$ax^2+bx+c=0$ の実数解	$x=\alpha,\ \beta\ (\alpha<\beta)$ $\begin{pmatrix}異なる\\2つの実数解\end{pmatrix}$	$x=\alpha$ （重解）	実数解はない
$ax^2+bx+c>0$ の解	$x<\alpha,\ \beta<x$	α 以外の すべての実数	すべての実数
$ax^2+bx+c<0$ の解	$\alpha<x<\beta$	解はない	解はない
$ax^2+bx+c\geqq0$ の解	$x\leqq\alpha,\ \beta\leqq x$	すべての実数	すべての実数
$ax^2+bx+c\leqq0$ の解	$\alpha\leqq x\leqq\beta$	$x=\alpha$	解はない

解答▶

(1)　左辺を因数分解して，

　　　$x(x+2)>0$

　　よって，$x^2+2x>0$ の解は，

　　　$x<-2,\ 0<x$

$y=x^2+2x$

(2)　$x^2-4x-2=0$ を解くと，

　　　$x=2\pm\sqrt{6}$

　　よって，$x^2-4x-2\leqq0$ の解は，

　　　$2-\sqrt{6}\leqq x\leqq2+\sqrt{6}$

$y=x^2-4x-2$

$2-\sqrt{6}$　　$2+\sqrt{6}$

(3)　4 を左辺に移項して，　$-x^2+4x-4\geqq0$

　　両辺に -1 を掛けて，　$x^2-4x+4\leqq0$

　　左辺を因数分解して，　$(x-2)^2\leqq0$

　　よって，$4x-x^2\geqq4$ の解は，　**$x=2$**

$y=x^2-4x+4$

(4)　左辺を因数分解して，　$(2x-3)^2>0$

　　よって，$4x^2-12x+9>0$ の解は，

　　$\dfrac{3}{2}$ 以外のすべての実数

$y=4x^2-12x+9$

$\dfrac{3}{2}$

（5）両辺に -1 を掛けて，$x^2+x+4>0$

　　　2次方程式 $x^2+x+4=0$ の判別式を D とすると，

　　　$D=1^2-4\cdot1\cdot4=-15<0$ であるから，

　　　$-x^2-x-4<0$ の解は，　　**すべての実数**

（6）2次方程式 $x^2+2x+3=0$ の判別式を D とすると，

　　　$D=2^2-4\cdot1\cdot3=-8<0$ であるから，

　　　$x^2+2x+3\leqq0$ の解は，　　**ない**

⚠**注意**　（5），（6）では，判別式を利用する解法を用いている。平方完成を利用する解法でもよい。

▨**問 31**　2次不等式 $-2x^2+kx-k<0$ の解がすべての実数となるような定数

教科書 **p.79**　　k の値の範囲を求めよ。

ガイド　まず，両辺に -1 を掛けて，$2x^2-kx+k>0$ とする。

　　　放物線 $y=2x^2-kx+k$ は下に凸であるから，すべての x に対して $y>0$ となるのは，グラフが x 軸と共有点をもたないときである。

解答　両辺に -1 を掛けて，　　$2x^2-kx+k>0$

　　　2次方程式 $2x^2-kx+k=0$ の判別式を D とすると，$D=(-k)^2-4\cdot2\cdot k=k^2-8k=k(k-8)$

　　　x^2 の係数が正であるから，この不等式の解がすべての実数であるための条件は，$D<0$ である。

　　　すなわち，　　$k(k-8)<0$

　　　よって，　　**$0<k<8$**

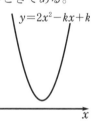

⚠**注意**　放物線 $y=-2x^2+kx-k$ は上に凸であるから，すべての x に対して $y<0$ となるのは，グラフが x 軸の下方にあるとき，すなわち，x 軸と共有点をもたないときである。

　　　したがって，2次方程式 $-2x^2+kx-k=0$ の判別式を D として，$D<0$ となるような k の値の範囲を求めてもよい。

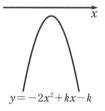

問 32 次の不等式を解け。

教科書
p.79
(1) $\begin{cases} 5x^2-x>0 \\ 4x^2+3x-1<0 \end{cases}$ (2) $5x^2-6 \leqq x^2+8x-1<-x^2+20x-1$

- -

ガイド 連立2次不等式である。連立1次不等式の場合と同様に，2つの不等式の解の共通の範囲を求める。

(2) $A \leqq B<C$ は，$A \leqq B$ かつ $B<C$ を意味する。

解答 (1) $5x^2-x>0$ より，$x(5x-1)>0$ であるから，

$$x<0, \ \frac{1}{5}<x \quad \cdots\cdots①$$

$4x^2+3x-1<0$ より，

$(x+1)(4x-1)<0$ であるから，

$$-1<x<\frac{1}{4} \quad \cdots\cdots②$$

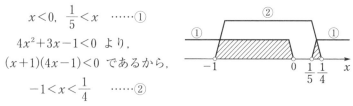

よって，①，②を同時に満たす x の値の範囲を求めて，

$$-1<x<0, \ \frac{1}{5}<x<\frac{1}{4}$$

(2) 2つの不等式 $5x^2-6 \leqq x^2+8x-1$ と $x^2+8x-1<-x^2+20x-1$ を同時に満たす x の値の範囲を求める。

$5x^2-6 \leqq x^2+8x-1$ から，　$4x^2-8x-5 \leqq 0$

$(2x+1)(2x-5) \leqq 0$ から，　$-\frac{1}{2} \leqq x \leqq \frac{5}{2} \quad \cdots\cdots①$

$x^2+8x-1<-x^2+20x-1$ から，　$2x^2-12x<0$

$x^2-6x<0$ より，$x(x-6)<0$ であるから，

$$0<x<6 \quad \cdots\cdots②$$

よって，①，②を同時に満たす x の値の範囲を求めて，

$$0<x \leqq \frac{5}{2}$$

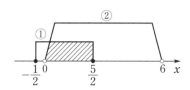

節末問題 | 第3節　2次関数と方程式・不等式

☑ **1**
教科書 **p.80**
　次の2次方程式が実数解をもつか調べ，実数解をもつ場合はそれを求めよ。

(1) $2(x^2+1)=3x$　　　　　　(2) $\sqrt{3}\,x^2-6x+3\sqrt{3}=0$

ガイド　2次方程式 $ax^2+bx+c=0$ の判別式を $D=b^2-4ac$ とすると，

$D>0 \iff$ 異なる2つの実数解をもつ　⎫
$D=0 \iff$ ただ1つの実数解（重解）をもつ　⎬実数解をもつ
$D<0 \iff$ 実数解をもたない　　　　　　　⎭

解答　それぞれの2次方程式の判別式をDとする。

(1) 整理すると，$2x^2-3x+2=0$ であるから，

　　$D=(-3)^2-4\cdot2\cdot2=-7<0$ となり，**実数解をもたない**。

(2) $D=(-6)^2-4\cdot\sqrt{3}\cdot3\sqrt{3}=0$ より，**実数解（重解）をもつ**。両辺

　　を $\sqrt{3}$ で割ると，$x^2-2\sqrt{3}\,x+3=0$ であるから，実数解は，

　　$(x-\sqrt{3})^2=0$ より，　$\boldsymbol{x=\sqrt{3}}$

☑ **2**
教科書 **p.80**
　2次関数 $y=x^2-kx-k+2$ のグラフとx軸の共有点の個数は，定数kの値によって，どのように変わるか調べよ。

ガイド　2次関数 $y=ax^2+bx+c$ のグラフとx軸の共有点の個数は次のようになる。

・2次方程式 $ax^2+bx+c=0$ の判別式を $D=b^2-4ac$ とすると，

　$D>0 \iff$ 2個　（x軸と異なる2点で交わる）
　$D=0 \iff$ 1個　（x軸と接する）
　$D<0 \iff$ 0個　（x軸と共有点をもたない）

解答　2次方程式 $x^2-kx-k+2=0$ の判別式をDとすると，

　　$D=(-k)^2-4\cdot1\cdot(-k+2)=k^2+4k-8$

　$k^2+4k-8=0$ を解くと，$k=-2\pm2\sqrt{3}$ であるから，

　<u>$D>0$</u>，すなわち，$k^2+4k-8>0$ のとき，

　　　$k<-2-2\sqrt{3}$，$-2+2\sqrt{3}<k$

　<u>$D=0$</u>，すなわち，$k^2+4k-8=0$ のとき，　$k=-2\pm2\sqrt{3}$

　<u>$D<0$</u>，すなわち，$k^2+4k-8<0$ のとき，

　　　$-2-2\sqrt{3}<k<-2+2\sqrt{3}$

したがって,

$k<-2-2\sqrt{3}$, $-2+2\sqrt{3}<k$ のとき, 2個

$k=-2\pm2\sqrt{3}$ のとき, 1個

$-2-2\sqrt{3}<k<-2+2\sqrt{3}$ のとき, 0個

☐ **3**
教科書 **p.80**

2次関数 $y=4x^2+2(m-1)x-m+4$ のグラフが x 軸と接するように, 定数 m の値を定めよ。また, 接点の座標を求めよ。

ガイド x 軸と接することから, 判別式 $D=0$ として m の値を求める。

解答 2次方程式 $4x^2+2(m-1)x-m+4=0$ ……①

の判別式を D とすると,

$$D=\{2(m-1)\}^2-4\cdot4\cdot(-m+4)=4(m-1)^2-16(-m+4)$$
$$=4m^2+8m-60=4(m^2+2m-15)=4(m+5)(m-3)$$

したがって, $D=4(m+5)(m-3)=0$ より, **$m=-5$, 3**

$m=-5$ のとき, 方程式①は, $4x^2-12x+9=0$, $(2x-3)^2=0$

よって, 接点の座標は, $\left(\dfrac{3}{2},\ 0\right)$

$m=3$ のとき, 方程式①は, $4x^2+4x+1=0$, $(2x+1)^2=0$

よって, 接点の座標は, $\left(-\dfrac{1}{2},\ 0\right)$

参考 $\dfrac{D}{4}=(m-1)^2-4\cdot(-m+4)=m^2+2m-15=(m+5)(m-3)$

を用いて m の値を求めてもよい。

☐ **4**
教科書 **p.80**

次の2次不等式を解け。

(1) $(x-1)(x+4)<14$　　　　(2) $-x^2+x<\dfrac{1}{4}$

ガイド 左辺を ax^2+bx+c $(a>0)$ の形に整理し, $y=ax^2+bx+c$ のグラフの略図をかいて, 解の存在範囲を確認する。

解答 (1) 左辺を展開し, 移項して整理すると,

$$x^2+3x-4<14$$
$$x^2+3x-18<0$$
$$(x+6)(x-3)<0$$

よって, 求める解は, $-6<x<3$

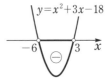

(2)　両辺を 4 倍し，移項して整理すると，

$$-4x^2+4x<1$$
$$-4x^2+4x-1<0$$
$$4x^2-4x+1>0$$
$$(2x-1)^2>0$$

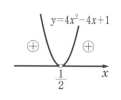

よって，求める解は，　$\dfrac{1}{2}$ **以外のすべての実数**

☑ **5**
教科書 **p.80**
2次不等式 $ax^2+bx+12>0$ の解が $-4<x<1$ であるような定数 a, b の値を求めよ。

ガイド　2次不等式の解が $-4<x<1$ であることから，これを解にもつ2次不等式を作り，$ax^2+bx+12>0$ と比較する。

解答　解が $-4<x<1$ となる2次不等式の1つは，

$$(x+4)(x-1)<0$$

すなわち，　$x^2+3x-4<0$　……①

与えられた2次不等式

$$ax^2+bx+12>0 \qquad ……②$$

と定数項どうしを比較して，
①の両辺を -3 倍すると，

$$-3x^2-9x+12>0$$

これが②と一致するから，

$$a=-3, \quad b=-9$$

解が $\alpha<x<\beta$ の形になるのは，$(x-\alpha)(x-\beta)<0$ の形になるときだね。

☑ **6**
教科書 **p.80**
2次不等式 $ax^2+(a-1)x+a-1>0$ の解が，すべての実数となるような定数 a の値の範囲を求めよ。

ガイド　2次関数 $y=ax^2+(a-1)x+a-1$ が，つねに $y>0$ を満たす条件を考えて，グラフが下に凸の放物線で，x 軸と共有点をもたないような条件を求めればよい。

解答　2次関数 $y=ax^2+(a-1)x+a-1$ のグラフを考えると，与えられた不等式の解が，すべての実数であるためには，このグラフが下に凸の放物線であることが必要である。

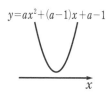

$y=ax^2+(a-1)x+a-1$

よって, $a>0$ ……①

また, 2次方程式 $ax^2+(a-1)x+a-1=0$ の判別式を D とすると, ①のもとで, グラフが x 軸と共有点をもたなければよいので, $D<0$ であればよい。

したがって, $D=(a-1)^2-4\cdot a\cdot(a-1)=-3a^2+2a+1<0$

すなわち, $3a^2-2a-1>0$ $(3a+1)(a-1)>0$

よって, $a<-\dfrac{1}{3},\ 1<a$ ……②

①, ②の共通範囲を求めて, **$a>1$**

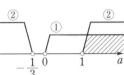
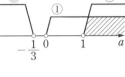

⚠注意 グラフが下に凸の放物線であるという条件①を忘れないようにする。

□ **7**

教科書 **p.80**

2次不等式 $x^2-2ax<0$ の解を, 定数 a の値の範囲が次の場合について求めよ。

(1) $a>0$ のとき   (2) $a=0$ のとき   (3) $a<0$ のとき

ガイド それぞれの場合について, $y=x^2-2ax$ のグラフをかいて考える。

解答 $x^2-2ax<0$ より, $x(x-2a)<0$

したがって, 2次関数 $y=x^2-2ax$ のグラフと x 軸の共有点の x 座標は

0, $2a$ である。

(i) $a>0$

(1) $a>0$ より, $2a>0$

よって, 図(i)より, 求める解は,

$0<x<2a$

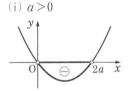

(2) $a=0$ より, $2a=0$

すなわち, 2次関数 $y=x^2-2ax$ のグラフは原点Oで x 軸と接する。

よって, 図(ii)より, **解はない**

(ii) $a=0$

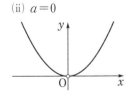

(3) $a<0$ より, $2a<0$

よって, 図(iii)より, 求める解は,

$2a<x<0$

(iii) $a<0$

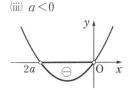

章末問題

―――――――――――――― A ――――――――――――――

1
教科書 **p.82**

右の図のように，放物線 $y=4-x^2$ 上と x 軸上に頂点をもつ長方形 ABCD がある。点Cの座標を $(t, 0)$ とするとき，次の問いに答えよ。ただし，$0<t<2$ とする。

(1) 長方形の周の長さを ℓ とするとき，ℓ を t の式で表せ。

(2) ℓ の最大値を求めよ。

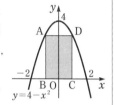

ガイド まず，点C以外の頂点 A，B，D の座標を t の式で表す。対称性に着目する。

解答 (1) 点Bは，点Cと y 軸に関して対称であるから，　B$(-t, 0)$
　　　また，2点 A，D はそれぞれB，Cと x 座標が等しく，放物線 $y=4-x^2$ 上にあるから，　A$(-t, 4-t^2)$，　D$(t, 4-t^2)$

$$\mathrm{AD}=\mathrm{BC}=t-(-t)=2t$$
$$\mathrm{AB}=\mathrm{DC}=4-t^2$$

よって，
$$\ell=2(\mathrm{AD}+\mathrm{AB})=2(2t+4-t^2)$$
$$=-2t^2+4t+8 \quad (0<t<2)$$

(2) (1)より，$0<t<2$ において，
$$\ell=-2t^2+4t+8=-2(t^2-2t)+8$$
$$=-2\{(t-1)^2-1^2\}+8$$
$$=-2(t-1)^2+10$$

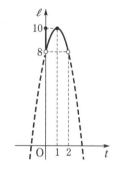

この関数のグラフは，右の図の実線部分となるから，ℓ は，**$t=1$ のとき，最大値 10**

2
教科書 **p.82**

点 $(3, 0)$ で x 軸に接し，点 $(1, 1)$ を通る放物線をグラフとする2次関数を求めよ。

ガイド 放物線が x 軸に接するとき，その接点が頂点となる。

解答 頂点が点 $(3, 0)$ であるから，求める2次関数は，$y=a(x-3)^2$ とお

ける。グラフが点 $(1, 1)$ を通るから，

$$1=a(1-3)^2 \quad \text{これより，} \quad a=\frac{1}{4}$$

よって，　$y=\dfrac{1}{4}(x-3)^2$

3

教科書
p.82

2次関数 $y=ax^2+bx+c$ のグラフが次の図のようになっていると
き，それぞれの図について，定数 a, b, c および，$D=b^2-4ac$ の符号
が正，負，0 のどれであるかを答えよ。ただし，(2)のグラフは原点を通
り，(4)のグラフは x 軸と接している。

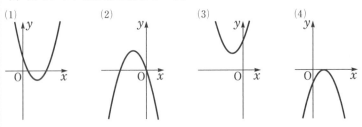

(1)　(2)　(3)　(4)

ガイド　2次関数 $y=ax^2+bx+c$ のグラフについて，次のことがいえる。

(ⅰ)　$a>0$ のとき下に凸，$a<0$ のとき上に凸の放物線

(ⅱ)　放物線の軸は直線 $x=-\dfrac{b}{2a}$

(ⅲ)　y 軸との交点の y 座標（y 切片）は c

(ⅳ)　x 軸との共有点の個数は，

　　　$D>0 \iff 2$ 個，$D=0 \iff 1$ 個，$D<0 \iff 0$ 個

したがって，a, c, b^2-4ac の符号は，グラフを見て判断できる。

また，b の符号は，$-\dfrac{b}{2a}$ の符号と a の符号から判断できる。

解答　放物線 $y=ax^2+bx+c$ の軸の方程式は $x=-\dfrac{b}{2a}$ である。

(1)　グラフは下に凸の放物線であるから，　$a>0$ ……①

軸は $x>0$ の範囲にあり，　$-\dfrac{b}{2a}>0$

これと①より，　$b<0$

また，y 切片は正であり，x 軸との共有点の個数は2個である。

以上により，　$a>0$，$b<0$，$c>0$，$D>0$

(2) グラフは上に凸の放物線であるから，　$a<0$　……②

軸は $x<0$ の範囲にあり，　$-\dfrac{b}{2a}<0$

これと②より，　$b<0$

また，y 切片は 0 であり，x 軸との共有点の個数は 2 個である。

以上により，　$a<0,\ b<0,\ c=0,\ D>0$

(3) グラフは下に凸の放物線であるから，　$a>0$　……③

軸は $x<0$ の範囲にあり，　$-\dfrac{b}{2a}<0$

これと③より，　$b>0$

また，y 切片は正であり，x 軸との共有点の個数は 0 個である。

以上により，　$a>0,\ b>0,\ c>0,\ D<0$

(4) グラフは上に凸の放物線であるから，　$a<0$　……④

軸は $x>0$ の範囲にあり，　$-\dfrac{b}{2a}>0$

これと④より，　$b>0$

また，y 切片は負であり，x 軸との共有点の個数は 1 個である。

以上により，　$a<0,\ b>0,\ c<0,\ D=0$

---

4 教科書 **p.82**　ある放物線を x 軸方向に 2，y 軸方向に 1 だけ平行移動すると放物線 $y=2x^2-3x+4$ になる。もとの放物線の方程式を求めよ。

ガイド　放物線 $y=2x^2-3x+4$ を x 軸方向に -2，y 軸方向に -1 だけ平行移動すればもとの放物線になる。頂点の移動に着目して考える。

解答　放物線 $y=2x^2-3x+4$ ……① を x 軸方向に -2，y 軸方向に -1 だけ平行移動すればよい。

このとき，$y=2x^2-3x+4=2\left(x-\dfrac{3}{4}\right)^2+\dfrac{23}{8}$ より，放物線①の頂点は点 $\left(\dfrac{3}{4},\ \dfrac{23}{8}\right)$ であり，この点を x 軸方向に -2，y 軸方向に -1 だけ平行移動した点の座標は，$\left(\dfrac{3}{4}-2,\ \dfrac{23}{8}-1\right)$，すなわち，$\left(-\dfrac{5}{4},\ \dfrac{15}{8}\right)$ だから，求める放物線の方程式は，　$y=2\left(x+\dfrac{5}{4}\right)^2+\dfrac{15}{8}$

すなわち，　$\boldsymbol{y=2x^2+5x+5}$

プラスワン 一般に，曲線 $y=f(x)$ を x 軸方向に a，y 軸方向に b だけ平行移動した曲線の方程式は $y-b=f(x-a)$ と表せる。このことを利用すると，次のような別解が考えられる。

別解 放物線 $y=2x^2-3x+4$ を x 軸方向に -2，y 軸方向に -1 だけ平行移動すればよいので，$y-(-1)=2\{x-(-2)\}^2-3\{x-(-2)\}+4$ より，

$$y+1=2(x+2)^2-3(x+2)+4$$
$$y+1=2(x^2+4x+4)-3(x+2)+4$$
$$\boldsymbol{y=2x^2+5x+5}$$

───────────── B ─────────────

5
教科書 **p.83**

秒速 60 m で地上から真上に打ち上げられた物体の x 秒後の高さ y m は，$y=60x-5x^2$ で表されるものとする。このとき，次の問いに答えよ。

(1) 打ち上げてから何秒後に物体は最も高くなるか。また，そのときの高さを求めよ。

(2) 打ち上げてから x 秒後の物体の高さが，100 m 以上 160 m 以下となるような x の値の範囲を求めよ。

ガイド (1) まず，$y≧0$ であることから定義域を求め，この定義域における関数 $y=-5x^2+60x$ のグラフをかいてみる。

(2) 不等式 $100≦-5x^2+60x≦160$ を解く。

解答 (1) $y≧0$，すなわち，$60x-5x^2≧0$ より，$x(x-12)≦0$

よって，$0≦x≦12$ であり，

$$y=60x-5x^2=-5x^2+60x=-5(x-6)^2+180$$

より，この関数のグラフは右の図の実線部分となるから，$x=6$ のとき，y は最大値 180 をとる。

よって，最も高くなるのは**6秒後**で，そのときの**高さは 180 m** である。

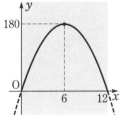

(2) 不等式 $100≦-5x^2+60x≦160$ を解けばよい。

$100≦-5x^2+60x$ より，$5x^2-60x+100≦0$　$x^2-12x+20≦0$

$(x-2)(x-10)≦0$　　よって，$2≦x≦10$ ……①

$-5x^2+60x\leqq160$ より，$5x^2-60x+160\geqq0$　$x^2-12x+32\geqq0$

$(x-4)(x-8)\geqq0$　　よって，$x\leqq4$, $8\leqq x$　……②

①，②を同時に満たす x の値の範囲を求めて，

$2\leqq x\leqq4$, $8\leqq x\leqq10$

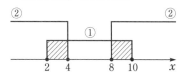

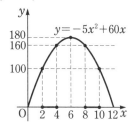

|プラスワン|　右の図のように，$y=-5x^2+60x$

のグラフと 2 直線 $y=100$, $y=160$ との位置

関係からも(2)の不等式の解が $2\leqq x\leqq4$, $8\leqq x\leqq10$ となることが視覚

的に理解できる。

6
教科書
p.83

a を定数とするとき，関数 $y=x^2+4x$ $(a\leqq x\leqq a+1)$ について，次の問いに答えよ。

(1)　最小値を求めよ。　　　　　　(2)　最大値を求めよ。

ガイド　定義域と軸の位置関係によって場合分けをする。

解答　$y=x^2+4x=(x+2)^2-4$ より，この関数のグラフは下に凸の放物線

で，軸は直線 $x=-2$，頂点は点 $(-2, -4)$ である。

(1)　(i)　$a+1<-2$，すなわち，$a<-3$ のとき，$a\leqq x\leqq a+1$ にお

いて関数の値はつねに減少するから，$x=a+1$ で最小値をと

り，その値は，　$(a+1)^2+4(a+1)=a^2+6a+5$

(ii)　$a<-2\leqq a+1$，すなわち，$-3\leqq a<-2$ のとき，軸が定義域

に含まれるから，関数は $x=-2$ で最小値 -4 をとる。

(iii)　$-2\leqq a$ のとき，$a\leqq x\leqq a+1$ において関数の値はつねに増

加するから，$x=a$ で最小値 a^2+4a をとる。

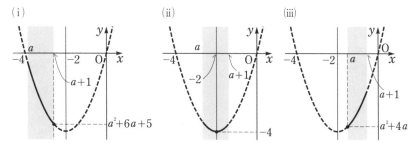

最小値は， $a<-3$ **のとき，** $x=a+1$ **で最小値** a^2+6a+5

　　　　　　$-3\leqq a<-2$ **のとき，** $x=-2$ **で最小値** -4

　　　　　　$-2\leqq a$ **のとき，** $x=a$ **で最小値** a^2+4a

(2)　定義域の中央の値は，　　$\dfrac{a+(a+1)}{2}=a+\dfrac{1}{2}$

(ⅰ)　$a+\dfrac{1}{2}<-2$，すなわち，$a<-\dfrac{5}{2}$ のとき，定義域の左端の方が右端よりも軸から遠いので，$x=a$ で最大値 a^2+4a をとる。

(ⅱ)　$a+\dfrac{1}{2}=-2$，すなわち，$a=-\dfrac{5}{2}$ のとき，軸と定義域の両端との距離が等しいので，$x=-\dfrac{5}{2}$，$-\dfrac{3}{2}$ で最大値をとり，その値は，

$\left(-\dfrac{3}{2}\right)^2+4\cdot\left(-\dfrac{3}{2}\right)=-\dfrac{15}{4}$

(ⅲ)　$-2<a+\dfrac{1}{2}$，すなわち，$-\dfrac{5}{2}<a$ のとき，定義域の右端の方が左端よりも軸から遠いので，$x=a+1$ で最大値 a^2+6a+5 をとる。

(ⅰ) $a<-\dfrac{5}{2}$　　(ⅱ) $a=-\dfrac{5}{2}$　　(ⅲ) $-\dfrac{5}{2}<a$

最大値は， $a<-\dfrac{5}{2}$ **のとき，** $x=a$ **で最大値** a^2+4a

　　　　　　$a=-\dfrac{5}{2}$ **のとき，** $x=-\dfrac{5}{2}$，$-\dfrac{3}{2}$ **で最大値** $-\dfrac{15}{4}$

　　　　　　$-\dfrac{5}{2}<a$ **のとき，** $x=a+1$ **で最大値** a^2+6a+5

⚠**注意**　(2)の(ⅰ)，(ⅲ)の図は，軸が定義域に含まれるように描かれているが，軸が定義域に含まれていても含まれていなくても結果は同じである。

7 a を定数とするとき，関数 $y=-x^2-4ax+a$ $(0\leqq x\leqq4)$ の最大値を
求めよ。また，最小値を求めよ。

教科書 **p.83**

ガイド 定義域と軸の位置関係によって場合分けをする。

最大値…定義域内で単調に増加(減少)するかそうでないかに着目
する。

最小値…定義域の端点のうち，軸から遠い方で最小値をとる。

解答 $y=-x^2-4ax+a=-(x+2a)^2+4a^2+a$ より，この関数のグラフ
は上に凸の放物線で，軸は直線 $x=-2a$，頂点は点 $(-2a,\ 4a^2+a)$
である。

最大値

(ⅰ) $-2a\leqq0$，すなわち，$0\leqq a$ のとき，定義域において関数の値は
つねに減少するから，$x=0$ で最大値 a をとる。

(ⅱ) $0<-2a\leqq4$，すなわち，$-2\leqq a<0$ のとき，軸が定義域に含ま
れるから，関数は $x=-2a$ で最大値 $4a^2+a$ をとる。

(ⅲ) $4<-2a$，すなわち，$a<-2$ のとき，定義域において関数の値
はつねに増加するから，$x=4$ で最大値をとり，その値は，
$$-4^2-4a\cdot4+a=-15a-16$$

(ⅰ) $0\leqq a$ 　　　　(ⅱ) $-2\leqq a<0$ 　　　　(ⅲ) $a<-2$

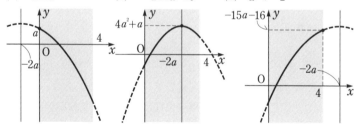

最小値

定義域の中央の値は 2 である。

(ⅳ) $-2a<2$，すなわち，$-1<a$ のとき，定義域の右端の方が左端
よりも軸から遠いので，$x=4$ で最小値 $-15a-16$ をとる。

(ⅴ) $-2a=2$，すなわち，$a=-1$ のとき，軸と定義域の両端との距
離が等しいので，$x=0,\ 4$ で最小値 -1 をとる。

(ⅵ) $-2a>2$，すなわち，$a<-1$ のとき，定義域の左端の方が右端
よりも軸から遠いので，$x=0$ で最小値 a をとる。

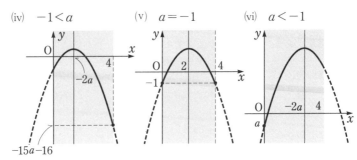

以上により，

最大値は，　　$a<-2$ のとき，$x=4$ で最大値 $-15a-16$

　　　　　　　　$-2\leqq a<0$ のとき，$x=-2a$ で最大値 $4a^2+a$

　　　　　　　　$0\leqq a$ のとき，$x=0$ で最大値 a

最小値は，　　$a<-1$ のとき，$x=0$ で最小値 a

　　　　　　　　$a=-1$ のとき，$x=0, 4$ で最小値 -1

　　　　　　　　$-1<a$ のとき，$x=4$ で最小値 $-15a-16$

8

教科書
p.83

2 つの 2 次方程式 $x^2+2kx+8k=0$，$x^2-2kx-3k+4=0$ のどちらも実数解をもつような定数 k の値の範囲を求めよ。

ガイド　2 つの 2 次方程式がどちらも実数解をもつのは，判別式の値がともに 0 以上となる場合である。

解答　　　$x^2+2kx+8k=0$　　　……①

　　　　　　$x^2-2kx-3k+4=0$　　……②

とおいて，①，②の判別式をそれぞれ D_1，D_2 とする。

　　①が実数解をもつための条件は，$D_1\geqq 0$ であるから，

　　　　$D_1=(2k)^2-4\cdot 1\cdot 8k=4k^2-32k\geqq 0$

　　すなわち，　$k^2-8k\geqq 0$　　$k(k-8)\geqq 0$

　　よって，　$k\leqq 0,\ 8\leqq k$　　……③

　　同様に，②が実数解をもつための条件は，$D_2\geqq 0$ であるから，

　　　　$D_2=(-2k)^2-4\cdot 1\cdot(-3k+4)=4k^2+12k-16\geqq 0$

　　すなわち，　$k^2+3k-4\geqq 0$　　$(k+4)(k-1)\geqq 0$

　　よって，　$k\leqq -4,\ 1\leqq k$　　……④

　　$D_1\geqq 0$，$D_2\geqq 0$ がともに成り立つような k の値の範囲，すなわち，③，④を同時に満たす k の値の範囲を求めて，　**$k\leqq -4,\ 8\leqq k$**

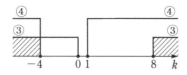

☑ **9**
教科書
p.83
k を 0 でない定数とするとき，関数 $y=kx^2+(2k-4)x+k-5$ のグラフと x 軸の共有点の個数を調べよ。

ガイド 　2次関数 $y=ax^2+bx+c$ のグラフと x 軸の共有点の個数は，2次方程式 $ax^2+bx+c=0$ の判別式を $D=b^2-4ac$ とするとき，

$$D>0 \iff 2個 \qquad D=0 \iff 1個 \qquad D<0 \iff 0個$$

解答 　2次方程式 $kx^2+(2k-4)x+k-5=0$ の判別式を D とすると，

$$D=(2k-4)^2-4 \cdot k \cdot (k-5)=4k+16=4(k+4)$$

(i) 共有点が2個のとき，$D>0$ より，　$4(k+4)>0$ 　$k>-4$
これと $k \neq 0$ より，$-4<k<0,\ 0<k$

(ii) 共有点が1個のとき，$D=0$ より，　$4(k+4)=0$ 　$k=-4$

(iii) 共有点が0個のとき，$D<0$ より，　$4(k+4)<0$，　$k<-4$

以上により，**$-4<k<0,\ 0<k$ のとき，2個**

$k=-4$ のとき，1個

$k<-4$ のとき，0個

☑ **10**
教科書
p.83
2次方程式 $x^2-2ax+4=0$ が次の実数解をもつような定数 a の値の範囲を求めよ。

(1) 1より大きい異なる2つの解

(2) 1より大きい解を1つと1より小さい解を1つ

ガイド 　$f(x)=x^2-2ax+4$ とおくと，2次方程式 $f(x)=0$ の実数解は，2次関数 $y=f(x)$ のグラフと x 軸との共有点の x 座標である。

(1) $y=f(x)$ のグラフが x 軸の $x>1$ の部分と異なる2点で交わればよい。判別式の値，軸の位置，$f(1)$ の値の3つに着目し，これらがどのような条件を満たせばよいかを考える。

(2) $f(1)$ の値がどのような条件を満たせばよいかを考える。

解答 　$f(x)=x^2-2ax+4$ とおくと，2次関数 $y=f(x)$ のグラフは下に凸の放物線であり，軸は直線 $x=a$ である。

(1) 2次方程式 $f(x)=0$ が1より大きい異なる2つの解をもつのは，右の図のように，$y=f(x)$ のグラフが x 軸の $x>1$ の部分と異なる2点で交わるときであり，次の3つの条件を同時に満たすときである。

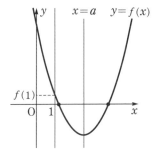

(i) 2次方程式 $f(x)=0$ の判別式を D とすると， $D>0$

(ii) 軸が $x>1$ の部分にある。

(iii) $f(1)>0$ である。

(i)より， $D=(-2a)^2-4\cdot1\cdot4=4a^2-16=4(a+2)(a-2)>0$

よって， $a<-2,\ 2<a$ ……①

(ii)より， $a>1$ ……②

(iii)より， $f(1)=1^2-2a\cdot1+4=-2a+5>0$

よって， $a<\dfrac{5}{2}$ ……③

①，②，③を同時に満たす a の値の範囲を求めて， $2<a<\dfrac{5}{2}$

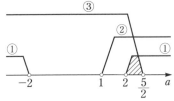

(2) 2次方程式 $f(x)=0$ が1より大きい解を1つと，1より小さい解を1つもつための条件は，2次関数 $y=f(x)$ のグラフが x 軸の $x>1$ の範囲と，$x<1$ の範囲でそれぞれ x 軸と交わることである。

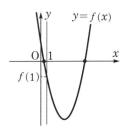

したがって，$f(1)<0$ となればよい。

$f(1)=-2a+5<0$ より， $a>\dfrac{5}{2}$

よって，求める a の値の範囲は，

$$a>\dfrac{5}{2}$$

第3章　集合と命題

第1節　集合と命題

1　集合

問 1
教科書
p.86
N を自然数全体の集合とするとき，次の集合を，要素を書き並べて表せ。

(1)　$\{x|x\in N$ かつ x は 24 の約数$\}$　　(2)　$\{2n-1|n\in N\}$

ガイド　a が集合 A の要素であることを，$a\in A$，b が集合 A の要素でないことを，$b\notin A$ と表す。集合を表すには，次の 2 通りの方法がある。

　　　[1]　要素を書き並べる　　[2]　要素が満たす条件を述べる

(1)　$x\in N$ とは，x が自然数であることを示す。

(2)　$2n-1$ の n に，$n=1$，2，3，……を代入する。

解答　(1)　$\{1,\ 2,\ 3,\ 4,\ 6,\ 8,\ 12,\ 24\}$

　　(2)　$\{1,\ 3,\ 5,\ 7,\ 9,\ 11,\ \cdots\cdots\}$

注意　(1)のように，有限個の要素からなる集合を**有限集合**といい，(2)のように，無限に多くの要素からなる集合を**無限集合**という。

問 2
教科書
p.88
次の集合 A，B について，$A\cap B$，$A\cup B$ を求めよ。

　　$A=\{2,\ 3,\ 5,\ 7\}$，$B=\{1,\ 3,\ 5,\ 7,\ 9\}$

ガイド

ここがポイント

[1]　2 つの集合 A と B の両方に属する要素全体の集合を，A と B の**共通部分**といい，$A\cap B$ で表す。すなわち，
$A\cap B=\{x|x\in A$ かつ $x\in B\}$

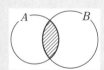

[2]　2 つの集合 A と B の少なくとも一方に属する要素全体の集合を，A と B の**和集合**といい，$A\cup B$ で表す。すなわち，
$A\cup B=\{x|x\in A$ または $x\in B\}$

右の図に，A，B の要素を書き入れて考えてみる。

まず，イの部分の $A \cap B$ から始め，次に，残り
のア，ウの部分に入れていくと，効率がよい。

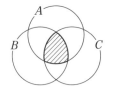

解答 $A \cap B = \{3, 5, 7\}$

$A \cup B = \{1, 2, 3, 5, 7, 9\}$

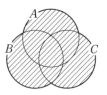

プラスワン 3つの集合 A，B，C についても，共通
部分や和集合が考えられる。

(1) 共通部分　$A \cap B \cap C$　　　(2) 和集合　$A \cup B \cup C$

問 3 $A = \{1, 2, 3\}$ のとき，A の部分集合をすべて書け。

教科書
p.88

ガイド

ここがポイント 👉

1 集合 A のどの要素も集合 B の要素である
とき，すなわち，$x \in A$ ならば $x \in B$ の
とき，A は B の**部分集合**であるといい，

$A \subset B$　または　$B \supset A$

と表す。

A 自身も集合 A の部分集合である。

2 要素を1つももたないものも特別な集合と考えて，これを
空集合といい，$\emptyset$ で表す。空集合は，どのような集合に対し
てもその部分集合であると考える。

部分集合を列挙するときは，空集合 $\emptyset$ と，A 自身も忘れないように
すること。

解答 $\emptyset$, $\{1\}$, $\{2\}$, $\{3\}$, $\{1, 2\}$, $\{1, 3\}$, $\{2, 3\}$, $\{1, 2, 3\}$

プラスワン 集合 A と B の要素がすべて一致するとき，A と B は等しい
といい，$A = B$ と表す。$A \subset B$ かつ $B \subset A$ のとき，$A = B$ である。

問 4

教科書
p.89

$U=\{x|x$ は 12 以下の正の整数$\}$ を全体集合とする。U の部分集合

$$A=\{x|x\in U \ かつ \ x は 2 の倍数\}$$
$$B=\{x|x\in U \ かつ \ x は 3 の倍数\}$$

について，次の集合を，要素を書き並べて表せ。

(1) $\overline{A}$ 　　　　　　(2) $A\cap\overline{B}$ 　　　　　　(3) $\overline{A}\cup B$

- -

ガイド

ここがポイント

1 考える対象全体の集合を**全体集合**といい，U で表す。

2 全体集合 U の部分集合 A について，A に属さない U の要素全体の集合を，A の**補集合**といい，$\overline{A}$ で表す。すなわち，

$$\overline{A}=\{x|x\in U \ かつ \ x\notin A\}$$

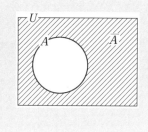

解答 図を使って考える。影の部分がそれぞれ求める集合にあたる。

(1) A の補集合であるから，
$$\overline{A}=\{1,\ 3,\ 5,\ 7,\ 9,\ 11\}$$

(2) A と $\overline{B}$ の共通部分であるから，
$$A\cap\overline{B}=\{2,\ 4,\ 8,\ 10\}$$

(3) $\overline{A}$ と B の和集合であるから，
$$\overline{A}\cup B=\{1,\ 3,\ 5,\ 6,\ 7,\ 9,\ 11,\ 12\}$$

ポイント プラス ［補集合の性質］

$$A\cup\overline{A}=U \qquad A\cap\overline{A}=\varnothing,$$
$$\overline{(\overline{A})}=A$$

また，$\overline{U}=\varnothing,\ \overline{\varnothing}=U$ である。

注 $\overline{(\overline{A})}$ は $\overline{\overline{A}}$ と書くこともある。

A に $\overline{A}$ を補うと全体！

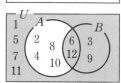

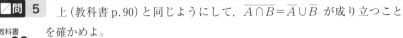

問 5 上（教科書 p.90）と同じようにして，$\overline{A \cap B} = \overline{A} \cup \overline{B}$ が成り立つこと

教科書
p.90
を確かめよ。

ガイド

ここがポイント 🖙 ［ド・モルガンの法則］
$$\overline{A \cup B} = \overline{A} \cap \overline{B}$$
$$\overline{A \cap B} = \overline{A} \cup \overline{B}$$
バーを切ると
記号∪と∩が逆に
なる。

ド・モルガンの法則のうち，
$$\overline{A \cap B} = \overline{A} \cup \overline{B}$$
が成り立つことを説明する問題である。まず，$\overline{A \cap B}$ がどのようにな
っているかを考えると，下の図のように，全体集合 U から共通部分
$A \cap B$ を除いたものであることがわかる。

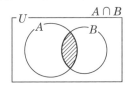
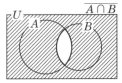

解答 A，B の補集合 $\overline{A}$，$\overline{B}$ は，それぞれ図1，図2の斜線部分である。
　　したがって，$\overline{A}$，$\overline{B}$ の和集合 $\overline{A} \cup \overline{B}$ は，図3の斜線部分で，これは
$A \cap B$ の補集合 $\overline{A \cap B}$ となっているから $\overline{A \cap B} = \overline{A} \cup \overline{B}$ が成り立つ。

図1　　　　　　　　　　図2　　　　　　　　　　図3

問 6 $U = \{x | x$ は 12 以下の正の整数$\}$ を全体集合とする。U の部分集合

教科書
p.90
$$A = \{x | x \in U \ \text{かつ} \ x \text{は2の倍数}\}$$
$$B = \{x | x \in U \ \text{かつ} \ x \text{は3の倍数}\}$$
について，ド・モルガンの法則が成り立つことを，要素を書き並べること
により確かめよ。

ガイド 次の手順通り，順序よく考えていく。

$\overline{A \cup B} = \overline{A} \cap \overline{B}$ の確かめの手順

① まず，A，B を求め，$\overline{A}$，$\overline{B}$ も求めておく。

② $A \cup B$ を求め，その補集合 $\overline{A \cup B}$ を求める。これが左辺である。

③ $\overline{A} \cap \overline{B}$ を求める。これが右辺である。

④ ②，③より，$\overline{A \cup B} = \overline{A} \cap \overline{B}$ となることを確かめる。

$\overline{A \cap B} = \overline{A} \cup \overline{B}$ の確かめの手順

① $A \cap B$ を求め，その補集合 $\overline{A \cap B}$ を求める。これが左辺である。

② $\overline{A} \cup \overline{B}$ を求める。これが右辺である。

③ ①，②より，$\overline{A \cap B} = \overline{A} \cup \overline{B}$ となることを確かめる。

解答 $A = \{2,\ 4,\ 6,\ 8,\ 10,\ 12\}$

$B = \{3,\ 6,\ 9,\ 12\}$ であるから，

　　$\overline{A} = \{1,\ 3,\ 5,\ 7,\ 9,\ 11\}$

　　$\overline{B} = \{1,\ 2,\ 4,\ 5,\ 7,\ 8,\ 10,\ 11\}$

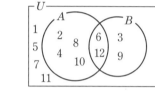

$\overline{A \cup B} = \overline{A} \cap \overline{B}$ の確かめ

$A \cup B = \{2,\ 3,\ 4,\ 6,\ 8,\ 9,\ 10,\ 12\}$ であるから，

　　$\overline{A \cup B} = \{1,\ 5,\ 7,\ 11\}$

また，　$\overline{A} \cap \overline{B} = \{1,\ 5,\ 7,\ 11\}$　よって，　$\overline{A \cup B} = \overline{A} \cap \overline{B}$

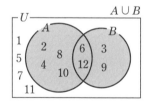 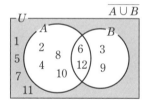

$\overline{A \cap B} = \overline{A} \cup \overline{B}$ の確かめ

$A \cap B = \{6,\ 12\}$ であるから，

　　$\overline{A \cap B} = \{1,\ 2,\ 3,\ 4,\ 5,\ 7,\ 8,\ 9,\ 10,\ 11\}$

また，　$\overline{A} \cup \overline{B} = \{1,\ 2,\ 3,\ 4,\ 5,\ 7,\ 8,\ 9,\ 10,\ 11\}$

よって，　$\overline{A \cap B} = \overline{A} \cup \overline{B}$

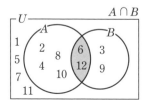 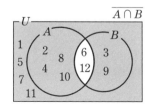

第3章　集合と命題

問 7 全体集合を実数全体の集合とし，部分集合A, Bを

教科書 **p.91**

$$A=\{x\,|\,-1\leqq x\leqq 5\},\ B=\{x\,|\,-2<x<2\}$$

とする。このとき，次の集合を求めよ。

(1) $\overline{A}$　　　　(2) $\overline{B}$　　　　(3) $\overline{A}\cap\overline{B}$

(4) $A\cup B$　　　(5) $\overline{A\cap B}$

- -

ガイド 不等式で表された実数の集合は，数直線上で考えるとよい。

補集合を調べるときは，不等号の等号の有無に注意する。

解答

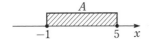 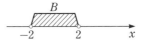

(1) $\overline{A}=\{x\,|\,x<-1,\ 5<x\}$

(2) $\overline{B}=\{x\,|\,x\leqq-2,\ 2\leqq x\}$

(1) 　(2)

(3) (1)，(2)より，

$\overline{A}\cap\overline{B}=\{x\,|\,x\leqq-2,\ 5<x\}$

(4) $A\cup B=\{x\,|\,-2<x\leqq 5\}$

(3) 　(4)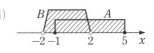

(5) $A\cap B=\{x\,|\,-1\leqq x<2\}$ より，

$\overline{A\cap B}=\{x\,|\,x<-1,\ 2\leqq x\}$

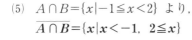

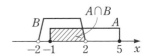

別解 ド・モルガンの法則を利用することもできる。

(4) $\overline{(\overline{A}\cap\overline{B})}=(\overline{\overline{A}})\cup(\overline{\overline{B}})=A\cup B$

であるから，(3)の補集合を考えて，

$A\cup B=\{x\,|\,-2<x\leqq 5\}$

(5) $\overline{A\cap B}=\overline{A}\cup\overline{B}$

であるから，(1)，(2)より，

$\overline{A\cap B}=\{x\,|\,x<-1,\ 2\leqq x\}$

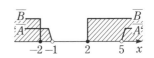

2 命題と集合

問 8 次の命題の真偽を調べよ。また，偽であるときは反例をあげよ。

教科書
p.93
(1) 実数 x について，$-2 \leqq x \leqq 1 \implies x < 3$

(2) 実数 x について，$x < 2 \implies x > 0$

(3) 実数 x について，$x^2 = 9 \implies x = 3$

(4) △ABC が二等辺三角形ならば，△ABC は正三角形である。

- -

ガイド　一般に，全体集合を U とする命題「$p \implies q$」について，

条件 p を満たす U の要素全体の集合を　P

条件 q を満たす U の要素全体の集合を　Q

とすると，次が成り立つ。

ここがポイント 👉

命題「$p \implies q$」が真であることと，$P \subset Q$ であることは同じである。

したがって，命題「$p \implies q$」が真であることを示すには，$P \subset Q$ であることを示せばよい。

また，命題「$p \implies q$」が偽であることを示すには，「条件 p を満たすが，条件 q を満たさない」U の要素を1つあげればよい。このような要素を**反例**という。

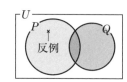

解答　(1) 全体集合を実数全体の集合として，部分集合 P，Q を
$$P = \{x \mid -2 \leqq x \leqq 1\}, \qquad Q = \{x \mid x < 3\}$$
とすると，右の図のように，
$P \subset Q$ が成り立つ。

よって，命題は**真**である。

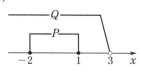

(2) (1)と同様に，
$$P = \{x \mid x < 2\}, \qquad Q = \{x \mid x > 0\}$$
とすると，$P \subset Q$ は成り立たない。

よって，命題は**偽**である。

$x = -1$ は条件 $x < 2$ を満たすが，
条件 $x > 0$ を満たさない。反例は，　　$x = -1$

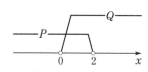

(3)　$x=-3$ は条件 $x^2=9$ を満たすが，条件 $x=3$ を満たさない。

　　よって，命題は**偽**である。反例は，**$x=-3$**

(4)　△ABC が直角二等辺三角形であるとき，二等辺三角形という条件は満たすが，正三角形という条件は満たさない。

　　よって，命題は**偽**である。

　　反例は，**△ABC が直角二等辺三角形であるとき**である。

⚠注意　反例は1つあげれば十分である。

▧問 9　次の ☐ に，「必要」，「十分」，「必要十分」のうち，最も適するもの

教科書 **p.94**　を入れよ。ただし，x は実数とする。

(1)　四角形 ABCD が長方形であることは，AC＝BD であるための ☐ 条件である。

(2)　$x^2>0$ は，$x>0$ であるための ☐ 条件である。

(3)　$x=0$ は，$x(x^2+1)=0$ であるための ☐ 条件である。

- -

ガイド　2つの条件 p，q について，命題「$p \Longrightarrow q$」が真であるとき，

　　p は，q であるための**十分条件**である

　　q は，p であるための**必要条件**である

という。

$$p \Longrightarrow q$$

十分条件　　**必要条件**

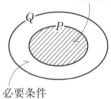

十分条件

必要条件

また，2つの命題「$p \Longrightarrow q$」，「$q \Longrightarrow p$」がともに真であるとき，

$$p \Longleftrightarrow q$$

と表し，p は，q であるための**必要十分条件**であるという。

解答　(1)　長方形の対角線の長さは等しいので，

　　命題「四角形 ABCD が長方形 $\Longrightarrow$ AC＝BD」は真である。

　　また，命題「AC＝BD $\Longrightarrow$ 四角形 ABCD が長方形」は偽である。反例には，右の図の四角形がある。

　　よって，四角形 ABCD が長方形であることは，AC＝BD であるための**十分**条件である。

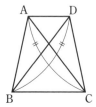

(2)　実数 x について，

命題「$x^2>0 \implies x>0$」は偽である。

反例には，$x=-1$ がある。

命題「$x>0 \implies x^2>0$」は明らかに真である。

よって，$x^2>0$ は，$x>0$ であるための**必要**条件である。

(3)　実数 x について，

命題「$x=0 \implies x(x^2+1)=0$」は明らかに真である。

命題「$x(x^2+1)=0 \implies x=0$」は真である。

$x^2+1 \neq 0$ であるから，$x=0$ である。

よって，$x=0$ は，$x(x^2+1)=0$ であるための**必要十分**条件である。

⚠注意　(2)　命題「$q \implies p$」が真であるとき，

p は，q であるための必要条件である。

|プラスワン|　$p \iff q$ であるとき，p と q は**同値**であるともいう。

📝問 10　次の条件の否定を述べよ。ただし，n は整数とする。

教科書
p.95　(1)　$n<2$　　　　　　　　　　(2)　n は奇数

ガイド　条件「p でない」を p の**否定**といい，$\bar{p}$ で表す。

(1)　条件「$a<b$」の否定は「$a \geqq b$」である。

(2)　全体集合は整数全体であることに注意する。

|解答|　(1)　条件「$n<2$」の否定は，「**$n \geqq 2$**」

(2)　条件「n は奇数」の否定は，「**n は偶数**」

⚠注意　設問文に「n は整数とする」とあるが，これは整数全体を全体集合として考えるということであり，条件ではない。

📝問 11　次の条件の否定を述べよ。ただし，a, b, x は実数とする。

教科書
p.95　(1)　$a<0$ かつ $b>0$　　　　(2)　$x \leqq -1$ または $x \geqq 3$

ガイド

　　ここがポイント 👉 ［命題に関するド・モルガンの法則］

　　$\overline{p \text{ かつ } q} \iff \bar{p} \text{ または } \bar{q},$　　$\overline{p \text{ または } q} \iff \bar{p} \text{ かつ } \bar{q}$

集合についてのド・モルガンの法則により，上の法則が成り立つ。

「かつ」「または」の入れかえだけでなく，それぞれの条件の否定にも
注意する。

解答 (1)　「$a<0$」の否定は「$a\geqq 0$」，「$b>0$」の否定は「$b\leqq 0$」なので，
「$a<0$ かつ $b>0$」の否定は，「$a\geqq 0$ または $b\leqq 0$」

(2)　「$x\leqq -1$」の否定は「$x>-1$」，「$x\geqq 3$」の否定は「$x<3$」なの
で，「$x\leqq -1$ または $x\geqq 3$」の否定は，「$x>-1$ かつ $x<3$」，す
なわち，「$-1<x<3$」

ポイント プラス 👉
$\overline{p}$ の否定 $(\overline{\overline{p}})$ は p である。

3 逆・裏・対偶

問 12 次の命題の真偽を調べよ。また，その命題の逆，裏，対偶を述べて，そ
教科書
p.96 の真偽を調べよ。ただし，x は実数，n は自然数とする。

(1)　$x^2=x \Longrightarrow x=1$ 　　　(2)　n は 12 の倍数 $\Longrightarrow n$ は 6 の倍数

- -

ガイド 命題「$p \Longrightarrow q$」に対して，

$q \Longrightarrow p$ を，$p \Longrightarrow q$ の**逆**

$\overline{p} \Longrightarrow \overline{q}$ を，$p \Longrightarrow q$ の**裏**

$\overline{q} \Longrightarrow \overline{p}$ を，$p \Longrightarrow q$ の**対偶**

という。これらの命題の間には
右のような関係が成り立つ。

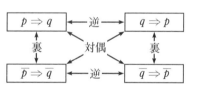

ここがポイント 👉
命題が真であっても，その逆は真であるとは限らない。

解答 (1)　**命題**「$x^2=x \Longrightarrow x=1$」は，**偽**である。
$x^2=x$ を解くと，$x(x-1)=0$ より，　$x=0,\ 1$
反例：$x=0$

逆「$x=1 \Longrightarrow x^2=x$」は，**真**である。
$x=1$ のとき，$x^2=1$ であるから，$x^2=x$ が成り立つ。

裏「$x^2\neq x \Longrightarrow x\neq 1$」は，**真**である。
$x^2\neq x$ のとき，$x(x-1)\neq 0$ であるから，$x\neq 1$ が成り立つ。

対偶「$x\neq 1 \Longrightarrow x^2\neq x$」は，**偽**である。反例：$x=0$

(2)　**命題「n は 12 の倍数 $\Longrightarrow$ n は 6 の倍数」は，真である。**

　　$12=6\cdot 2$ であるから，12 の倍数ならば 6 の倍数である。

　　逆「n は 6 の倍数 $\Longrightarrow$ n は 12 の倍数」は，偽である。

　　反例：6 や 18

　　裏「n は 12 の倍数でない $\Longrightarrow$ n は 6 の倍数でない」は，偽である。

　　反例：6 や 18

　　対偶「n は 6 の倍数でない $\Longrightarrow$ n は 12 の倍数でない」は，真である。

　　$12=6\cdot 2$ より，12 の倍数は 6 の倍数に含まれるので，6 の倍数でなければ，12 の倍数でない。

問 13　整数 n の平方 n^2 が 3 の倍数ならば，n は 3 の倍数であることを証明せよ。

教科書 **p.97**

- -

ガイド

ここがポイント ☞ ［命題とその対偶の真偽］

命題「$p \Longrightarrow q$」とその対偶「$\overline{q} \Longrightarrow \overline{p}$」の真偽は一致する。

ある命題を証明するとき，その対偶を証明してもよい。

とくに，本問のように，直接証明することが難しい場合に有効である。

解答　この命題の対偶「n が 3 の倍数でないならば，n^2 は 3 の倍数でない」を証明すればよい。

　n が 3 の倍数でないとき，n はある整数 k を用いて，

　$n=3k+1$　または　$n=3k+2$　と表せる。

（i）　$n=3k+1$ のとき，

　　$n^2=(3k+1)^2=9k^2+6k+1=3(3k^2+2k)+1$

　　となる。$3k^2+2k$ は整数であるから，n^2 は 3 の倍数でない。

（ii）　$n=3k+2$ のとき，

　　$n^2=(3k+2)^2=9k^2+12k+4=3(3k^2+4k+1)+1$

　　となる。$3k^2+4k+1$ は整数であるから，n^2 は 3 の倍数でない。

（i），（ii）により，n^2 は 3 の倍数でない。

よって，対偶が証明されたから，もとの命題も真である。

問14 $\sqrt{6}$ が無理数であることを用いて，有理数 x, y が $\sqrt{2}\,x+\sqrt{3}\,y=0$ を
満たすならば，$x=y=0$ であることを証明せよ。

教科書
p.98

ガイド　ある命題に対して，その命題が成り立たないと仮定して矛盾が生じ
ることを示すことにより，その命題を証明する方法がある。このよう
な証明方法を**背理法**という。

矛盾が生じたのは，命題が成り立たないと仮定したためであり，こ
れが間違っているのだから，もとの命題は正しいということになる。

本問の場合は，まず，$\sqrt{2}\,x+\sqrt{3}\,y=0$ ならば $x=0$ であることを
示す。そのために，$x\neq0$ を仮定して矛盾を導く。

解答　$\sqrt{2}\,x+\sqrt{3}\,y=0$ ……①

を満たす 0 でない有理数 x があったと仮定する。

　①の両辺に $\sqrt{3}$ を掛けると，　$\sqrt{6}\,x+3y=0$

　両辺を x で割って整理すると，　$\sqrt{6}=-\dfrac{3y}{x}$

x, y は有理数であるから $-\dfrac{3y}{x}$ も有理数となるが，これは $\sqrt{6}$ が
無理数であることに矛盾する。

　よって，$x=0$ でなければならない。

　このとき，$x=0$ を①に代入すると，$\sqrt{3}\,y=0$ より，$y=0$ である。

　以上より，$x=y=0$ である。

有理数どうしの
四則演算の結果は
有理数になるね。

参考　「すべて」と「ある」　　　　　〈発展〉

◢問 1　次の命題の否定を述べよ。また，その真偽をいえ。

教科書
p.101

(1)　ある素数の組 (a, b) に対して，a と b の積 ab は偶数である。

(2)　ある実数 x に対して，$x^2 = -1$ である。

(3)　すべての素数は奇数である。

(4)　2つの無理数の積は無理数である。

(5)　ひし形は平行四辺形である。

ガイド

ここがポイント 👉　**［「すべて」と「ある」の否定］**

p を x に関する命題とする。

「すべての x に対して p」の否定は

「ある x に対して $\bar{p}$」

「ある x に対して p」の否定は

「すべての x に対して $\bar{p}$」

(4)，(5)は，命題の中に，「すべて」が隠れている。

解答▶

(1)　**「すべての素数の組 (a, b) に対して，a と b の積 ab は奇数である。」**

$a = 2$（素数）が反例で，**偽**である。

(2)　**「すべての実数 x に対して，$x^2 \neq -1$ である。」**

$x^2 \geqq 0$ であるから，**真**である。

(3)　**「ある素数は偶数である。」**

素数 2 は偶数であり，**真**である。

(4)　**「ある 2 つの無理数の積は有理数である。」**

2つの無理数を，$\sqrt{2}$，$\sqrt{8}$ とすると，積は 4 で有理数であるから，**真**である。

(5)　**「あるひし形は平行四辺形でない。」**

ひし形は平行四辺形であるから，**偽**である。

⚠注意　命題が真であればその命題の否定は偽になり，命題が偽であればその命題の否定は真になる。

節末問題 | 第1節　集合と命題

☑ **1**　　無理数全体の集合をAとするとき, 命題「$x \in A$ かつ $y \in A$ ならば, $x+y \in A$」が偽であることを示すための反例となる x, y の組を, 次の①〜⑥からすべて選べ。必要ならば $\sqrt{2}$, $\sqrt{3}$, $\sqrt{2}+\sqrt{3}$ が無理数であることを用いてもよい。

① $x=\sqrt{2}$, $y=0$ 　　　　　　② $x=3-\sqrt{3}$, $y=\sqrt{3}-1$

③ $x=\sqrt{3}+1$, $y=\sqrt{2}+1$ 　　④ $x=\sqrt{4}$, $y=-\sqrt{4}$

⑤ $x=\sqrt{8}$, $y=1-2\sqrt{2}$ 　　　⑥ $x=\sqrt{2}-2$, $y=\sqrt{2}+2$

ガイド　この命題を言い換えると「2つの無理数の和は無理数である」だから, 2つの無理数の和が有理数となっているような例を探せばよい。

　(無理数)+(有理数), (0でない有理数)×(無理数) の形の数は無理数であることに注意したうえで, まず, 「そもそも x, y がともに無理数になっているか」を確認し, ともに無理数の場合は, それらの和を計算してみる。

解答　① $y=0$ より, $y \not\in A$ なので, 反例として適さない。

　② $x=3-\sqrt{3}$, $y=\sqrt{3}-1$ より, x, $y \in A$ である。

　　　このとき, $x+y=(3-\sqrt{3})+(\sqrt{3}-1)=2$ より, 計算結果が有理数だから, 反例として適する。

　③ $x=\sqrt{3}+1$, $y=\sqrt{2}+1$ より, x, $y \in A$ である。

　　　このとき, 　$x+y=(\sqrt{3}+1)+(\sqrt{2}+1)=(\sqrt{2}+\sqrt{3})+2$

　であり, $\sqrt{2}+\sqrt{3}$ は無理数だから, 計算結果は無理数である。

　　　よって, 反例として適さない。

　④ $x=\sqrt{4}=2$, $y=-\sqrt{4}=-2$ より, x, $y \not\in A$ なので, 反例として適さない。

　⑤ $x=\sqrt{8}=2\sqrt{2}$, $y=1-2\sqrt{2}$ より, x, $y \in A$ である。

　　　このとき, $x+y=2\sqrt{2}+(1-2\sqrt{2})=1$ より, 計算結果が有理数だから, 反例として適する。

　⑥ $x=\sqrt{2}-2$, $y=\sqrt{2}+2$ より, x, $y \in A$ である。

　　　このとき, $x+y=(\sqrt{2}-2)+(\sqrt{2}+2)=2\sqrt{2}$ であり, 計算結果が無理数だから, 反例として適さない。

以上により, 反例となるのは, 　**②**, **⑤**

■プラスワン■　$3-\sqrt{3}$, $\sqrt{2}+1$, $1-2\sqrt{2}$ のような数が無理数であることの理由は，次の(ⅰ)，(ⅱ)による。

(ⅰ)　無理数と有理数の和は無理数である。

(ⅱ)　0 でない有理数と無理数の積は無理数である。

(ⅰ)，(ⅱ)は次のように，背理法を用いて示される。

(ⅰ)の証明

無理数 a と有理数 b の和が有理数 c であるとする。このとき，$a+b=c$ より，$a=c-b$ であり，a は無理数，$c-b$ は有理数であるので矛盾する。

したがって，無理数と有理数の和は無理数である。

(ⅱ)の証明

0 でない有理数 a と無理数 b の積が有理数 c であるとする。このとき，$ab=c$ より，$b=\dfrac{c}{a}$ であり，b は無理数，$\dfrac{c}{a}$ は有理数なので矛盾する。

したがって，0 でない有理数と無理数の積は無理数である。

2
教科書
p.102
次の □ に，「必要条件である」，「十分条件である」，「必要十分条件である」，「必要条件でも，十分条件でもない」のうち，最も適するものを入れよ。ただし，n は整数，a, b, x, y は実数とする。

(1)　n が 24 の倍数かつ 18 の倍数であることは，n が 12 の倍数であるための □ 。

(2)　$x+y \geqq 2$ は，x, y の少なくとも一方が 2 以上であるための □ 。

(3)　$(a-1)(b-1)=0$ は，$a=1$ かつ $b=1$ であるための □ 。

(4)　四角形 ABCD が平行四辺形であることは，AB∥DC かつ AB=DC であるための □ 。

ガイド　「p であることは，q であるための □ 。」

の □ に入ることばは，

|　「$p \Longrightarrow q$」は真，「$q \Longrightarrow p$」は偽 | $\longrightarrow$ | 十分条件 |

|　「$p \Longrightarrow q$」は偽，「$q \Longrightarrow p$」は真 | $\longrightarrow$ | 必要条件 |

|　「$p \Longrightarrow q$」，「$q \Longrightarrow p$」どちらも真 | $\longrightarrow$ | 必要十分条件 |

|　「$p \Longrightarrow q$」，「$q \Longrightarrow p$」どちらも偽 |

$\longrightarrow$　必要条件でも，十分条件でもない

解答▶ (1) 「n が 24 の倍数かつ 18 の倍数である」は,「n は 72 の倍数である」と言い換えることができる。

命題「n は 72 の倍数 $\Longrightarrow$ n は 12 の倍数」は真である。

72=12·6 であるから,72 の倍数ならば 12 の倍数である。

命題「n は 12 の倍数 $\Longrightarrow$ n は 72 の倍数」は偽である。

反例：24 や 36

よって,**十分条件である。**

(2) 命題「$x+y \geqq 2$ $\Longrightarrow$ x, y の少なくとも一方が 2 以上」は偽である。反例：$x=y=1$

命題「x, y の少なくとも一方が 2 以上 $\Longrightarrow$ $x+y \geqq 2$」は偽である。反例：$x=3$, $y=-2$

よって，**必要条件でも，十分条件でもない。**

(3) 命題「$(a-1)(b-1)=0$ $\Longrightarrow$ $a=1$ かつ $b=1$」は偽である。

反例：$a=1$, $b=2$

命題「$a=1$ かつ $b=1$ $\Longrightarrow$ $(a-1)(b-1)=0$」は明らかに真である。

よって，**必要条件である。**

(4) 命題「四角形 ABCD は平行四辺形 $\Longrightarrow$ AB∥DC かつ AB=DC」は真である。

平行四辺形の対辺はそれぞれ平行で，長さは等しい。

命題「AB∥DC かつ AB=DC $\Longrightarrow$ 四角形 ABCD は平行四辺形」は真である。

1 組の対辺が平行で長さが等しい四角形は平行四辺形である。

よって，**必要十分条件である。**

3

教科書 **p.102**

次の命題の真偽を調べよ。また，その命題の逆，裏，対偶を述べて，その真偽を調べよ。ただし，a, b, c は実数とする。

(1) 2 つの三角形が合同ならば，それらの三角形の面積は等しい。

(2) $abc>0$ ならば，a, b, c はすべて正の数である。

ガイド 命題「$p \Longrightarrow q$」が真であっても，その逆「$q \Longrightarrow p$」は真であるとは限らない。

命題「$p \Longrightarrow q$」とその対偶「$\bar{q} \Longrightarrow \bar{p}$」の真偽は一致する。

逆「$q \Longrightarrow p$」とその対偶である裏「$\bar{p} \Longrightarrow \bar{q}$」の真偽も一致する。

(2) 「a, b, c はすべて正」の否定は，「a, b, c のうち少なくとも1つは正でない」となる。

解答▶ (1) もとの命題は，真である。

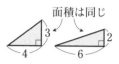

面積は同じ

逆「2つの三角形の面積が等しいならば，それらの三角形は合同である。」は，偽である。反例は右の図

裏「2つの三角形が合同でないならば，それらの三角形の面積は等しくない。」は，偽である。対偶の関係にある逆が偽だから，裏も偽である。

対偶「2つの三角形の面積が等しくないならば，それらの三角形は合同でない。」は，真である。

もとの命題が真だから，対偶も真である。

(2) もとの命題は偽である。反例：$a=3$, $b=-1$, $c=-2$

逆「a, b, c がすべて正の数ならば，$abc>0$ である。」は明らかに真である。

裏「$abc \leqq 0$ ならば，a, b, c の少なくとも1つは正の数でない。」は真である。

対偶の関係にある逆が真だから，裏も真である。

対偶「a, b, c の少なくとも1つが正の数でないならば，$abc \leqq 0$ である。」は偽である。

もとの命題が偽だから，対偶も偽である。

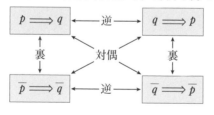

左の図をイメージしながら考えよう。

4 a, b, c, d は有理数とする。$\sqrt{3}$ が無理数であることを用いて，次のことを証明せよ。

教科書 **p.102**

$$a+\sqrt{3}\,b=c+\sqrt{3}\,d \Longrightarrow a=c \text{ かつ } b=d$$

ガイド　背理法を用いて，まず，$b=d$ であることを示す。そのために，$b \neq d$ を仮定して矛盾を導く。

解答　$a+\sqrt{3}\,b=c+\sqrt{3}\,d$, $b \neq d$ と仮定すると，

$$\sqrt{3}\,(b-d)=c-a \qquad \sqrt{3}=\dfrac{c-a}{b-d}$$

となる。

　a, b, c, d は有理数であるから，$c-a$, $b-d$ も有理数となり，したがって，$\dfrac{c-a}{b-d}$ も有理数となるが，これは $\sqrt{3}$ が無理数であることに矛盾する。

　よって，$b=d$ である。

　このとき，$a+\sqrt{3}\,b=c+\sqrt{3}\,d$ より，

$$a+\sqrt{3}\,b=c+\sqrt{3}\,b$$

　したがって，　$a=c$

　以上により，

$$a+\sqrt{3}\,b=c+\sqrt{3}\,d \Longrightarrow a=c \ \text{かつ} \ b=d$$

が成り立つ。

章末問題

--- **A** ---

☑ **1**

教科書
p.103

次の □ に，「必要条件である」，「十分条件である」，「必要十分条件である」，「必要条件でも，十分条件でもない」のうち，最も適するものを入れよ。ただし，a, b, c, x, y は実数とする。

(1) $ac=bc$ は，$a=b$ であるための □。

(2) $|x|<3$ は，$-3<x<3$ であるための □。

(3) $x>y$ は，$x^2>y^2$ であるための □。

ガイド p は q であるための何条件かを判定するには，$p \Longrightarrow q$, $q \Longrightarrow p$ それぞれの真偽を調べればよい。基本は「$p \Longrightarrow q$ が真であるとき，p は q の十分条件，q は p の必要条件」である。

あらかじめ，真であるか偽であるかの見当をつけておき，真であるならば根拠を述べ，偽であるならば，反例を1つ示す。

解答 (1) 「$ac=bc \Longrightarrow a=b$」は偽である。

反例：$a=1$, $b=2$, $c=0$

「$a=b \Longrightarrow ac=bc$」は真である。

等式の性質による。

よって，**必要条件である**。

(2) 不等式 $|x|<3$ の解は，$-3<x<3$ であるから，

必要十分条件である。

(3) 「$x>y \Longrightarrow x^2>y^2$」は偽である。

反例：$x=1$, $y=-2$

「$x^2>y^2 \Longrightarrow x>y$」は偽である。

反例：$x=-2$, $y=1$

よって，**必要条件でも，十分条件でもない**。

─────── B ───────

□ **2**

教科書
p.103

> $U=\{x|1\leqq x\leqq10,\ x$ は整数$\}$ を全体集合とする。U の部分集合
> $A=\{2,\ 3,\ 6,\ 7\}$, $B\cap C=\{3,\ 4\}$, $\overline{B}\cap\overline{C}=\{7,\ 9,\ 10\}$, $\overline{B}\cap C=\{5,\ 6\}$
> について，次の集合を求めよ。
> (1) $A\cap B\cap C$ 　　　(2) $\overline{A\cup B\cup C}$ 　　　(3) C

ガイド (1) $A\cap B\cap C=A\cap(B\cap C)$ であることに着目する。

(2) まず，$\overline{B}\cap\overline{C}$ から $B\cup C$ を求めてから，

$A\cup B\cup C=A\cup(B\cup C)$ に着目して，$A\cup B\cup C$ を求める。

(3) $B\cap C$ と $\overline{B}\cap C$ に着目して，図をかいて考えてみる。

解答 $A=\{2,\ 3,\ 6,\ 7\}$ ……① $B\cap C=\{3,\ 4\}$ ……②

$\overline{B}\cap\overline{C}=\{7,\ 9,\ 10\}$ ……③ $\overline{B}\cap C=\{5,\ 6\}$ ……④

$U=\{1,\ 2,\ 3,\ 4,\ 5,\ 6,\ 7,\ 8,\ 9,\ 10\}$ ……⑤

(1) ①，②より，　$A\cap B\cap C=A\cap(B\cap C)=\{3\}$

(2) ド・モルガンの法則により，③から，

$\overline{B\cup C}=\overline{B}\cap\overline{C}=\{7,\ 9,\ 10\}$

これと⑤より，$B\cup C=\{1,\ 2,\ 3,\ 4,\ 5,\ 6,\ 8\}$ であるから，

①より，　$A\cup B\cup C=A\cup(B\cup C)=\{1,\ 2,\ 3,\ 4,\ 5,\ 6,\ 7,\ 8\}$

よって，⑤より，　$\overline{A\cup B\cup C}=\{9,\ 10\}$

(3) $B\cap C$ は右の図の濃い網目部分，
$\overline{B}\cap C$ は右の図のうすい網目部分
なので，②，④より，

$C=\{3,\ 4,\ 5,\ 6\}$

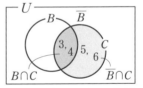

プラスワン $A\cap B\cap C=A\cap(B\cap C)$, $A\cup B\cup C=A\cup(B\cup C)$ は直観
的にはほぼ明らかではあるが，次のように証明することができる。

$A\cap B\cap C=A\cap(B\cap C)$ の証明

$x\in A\cap B\cap C$ のとき，$x\in A$ かつ $x\in B$ かつ $x\in C$ であり，

$x\in B$ かつ $x\in C$ より，$x\in B\cap C$ でもあるから，$x\in A$ かつ

$x\in B\cap C$ より，　$x\in A\cap(B\cap C)$

よって，　$A\cap B\cap C\subset A\cap(B\cap C)$ ……①

$x\in A\cap(B\cap C)$ のとき，$x\in A$ かつ $x\in B\cap C$ であり，

$x\in B\cap C$ より，$x\in B$ かつ $x\in C$ であるから，$x\in A$ かつ $x\in B$

かつ $x\in C$ となり，　　$x\in A\cap B\cap C$

よって，　　$A\cap(B\cap C)\subset A\cap B\cap C$　……②

①，②より，　　$A\cap B\cap C=A\cap(B\cap C)$

$A\cup B\cup C=A\cup(B\cup C)$ の証明

$x\in A\cup B\cup C$ のとき，$x\in A$ または $x\in B$ または $x\in C$ であり，

$x\in B$ または $x\in C$ のとき，$x\in B\cup C$ であるから，$x\in A$ または

$x\in B\cup C$ より，　　$x\in A\cup(B\cup C)$

よって，　　$A\cup B\cup C\subset A\cup(B\cup C)$　……③

$x\in A\cup(B\cup C)$ のとき，$x\in A$ または $x\in B\cup C$ であり，

$x\in B\cup C$ のとき，$x\in B$ または $x\in C$ であるから，$x\in A$ または

$x\in B$ または $x\in C$ となり，　　$x\in A\cup B\cup C$

よって，　　$A\cup(B\cup C)\subset A\cup B\cup C$　……④

③，④より，　　$A\cup B\cup C=A\cup(B\cup C)$

3
教科書
p.103
a，b は正の数，x，y は実数とする。このとき，次のことを証明せよ。
$$ax+by\geqq 0 \Longrightarrow x\geqq 0 \text{ または } y\geqq 0$$

ガイド　この命題を直接証明することは難しいので，対偶を証明することを
考える。

解答　この命題の対偶「$x<0$ かつ $y<0\Longrightarrow ax+by<0$」を証明すれば
よい。

$x<0$ かつ $y<0$ のとき，

$x<0$ の両辺に $a\,(>0)$ を掛けて，　　$ax<0$　……①

$y<0$ の両辺に $b\,(>0)$ を掛けて，　　$by<0$　……②

①，②の辺々を加えて，　　$ax+by<0$

よって，対偶が証明されたから，もとの命題も真である。

4
教科書
p.103
実数全体の集合を全体集合とし，部分集合 A，B を $A=\{x\,|\,|x|<a\}$，
$B=\{x\,|\,|x-5|\leqq 2\}$ とする。ここで，a は正の定数である。このとき，
次の問いに答えよ。

(1) $B\subset A$ となる a の値の範囲を求めよ。

(2) $A\cap B=\varnothing$ となるとき，a の値の範囲を求めよ。

(3) $A\cap B$ が整数を1つだけ含むとき，a の値の範囲を求めよ。

ガイド 集合 A, B を数直線上に図示しながら考える。

解答 $|x|<a$ より, $-a<x<a$

$|x-5|\leqq 2$ より, $-2\leqq x-5\leqq 2$, $3\leqq x\leqq 7$

(1) $B\subset A$ のとき, 右の図より,

$\quad -a<3$ かつ $7<a$

よって, $\boldsymbol{a>7}$

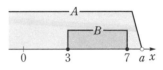

(2) $A\cap B=\varnothing$ のとき, 右の図より,

$\quad a\leqq 3$

また, a は正の定数であるから,

$\quad a>0$

よって, $\boldsymbol{0<a\leqq 3}$

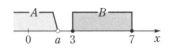

(3) $A\cap B$ が整数を1つだけ含むと

き, 右の図より,

$\quad 3\in A\cap B$, $4\notin A\cap B$

となればよい。

よって, $\boldsymbol{3<a\leqq 4}$

⚠注意 a の値の範囲を求めるとき, 等号の有無に気をつける。

> 端点で等号が成り立つと仮定して, 与えられた条件を満たすかどうか確認するといいよ。

□ **5** $\sqrt{2}$, $\sqrt{3}$ が無理数であることを用いて, $\sqrt{2}\,a+\sqrt{3}\,b=1$ を満たす有
教科書
p.103 理数 a, b は存在しないことを証明せよ。

ガイド 背理法によって証明する。まず, 等式を満たす有理数 a, b が存在
すると仮定すると, a, b の値について, 次の3つの場合が有り得る。

(i) $a=0$, $b\neq 0$ (ii) $a\neq 0$, $b=0$ (iii) $a\neq 0$, $b\neq 0$

解答 $\sqrt{2}\,a+\sqrt{3}\,b=1$ ……①

①を満たす有理数 a, b が存在すると仮定する。

このとき, a, b がともに0であることはない。

（ⅰ）　$a=0$, $b\neq0$ のとき

　　①より，　　$\sqrt{3}\,b=1$, $\sqrt{3}=\dfrac{1}{b}$

　　b は有理数であるから，$\dfrac{1}{b}$ も有理数となるが，これは $\sqrt{3}$ が

　　無理数であることに矛盾する。

（ⅱ）　$a\neq0$, $b=0$ のとき

　　①より，　　$\sqrt{2}\,a=1$, 　$\sqrt{2}=\dfrac{1}{a}$

　　a は有理数であるから，$\dfrac{1}{a}$ も有理数となるが，これは $\sqrt{2}$ が

　　無理数であることに矛盾する。

（ⅲ）　$a\neq0$, $b\neq0$ のとき

　　①より，　　$\sqrt{2}\,a=1-\sqrt{3}\,b$

　　両辺を 2 乗して　　　$2a^2=1-2\sqrt{3}\,b+3b^2$

　　$2\sqrt{3}\,b=-2a^2+3b^2+1$　　　$\sqrt{3}=\dfrac{-2a^2+3b^2+1}{2b}$

　　a, b は有理数であるから，$\dfrac{-2a^2+3b^2+1}{2b}$ も有理数となるが，

　　これは $\sqrt{3}$ が無理数であることに矛盾する。

　　したがって，①を満たす有理数 a, b は存在しない。

⚠注意　（ⅲ）については，$\sqrt{3}\,b=1-\sqrt{2}\,a$ と変形してから，**解答** と同様の
処理をしてもよい。その場合には $\sqrt{2}$ が無理数であることを用いる
ことになる。また，次のような別解も考えられる。

別解　（ⅲ）　$\sqrt{2}\,a+\sqrt{3}\,b=1$　……①

　　　　①の両辺に $\sqrt{2}\,a-\sqrt{3}\,b$ を掛けると，$2a^2-3b^2=\sqrt{2}\,a-\sqrt{3}\,b$

　　　　a, b は有理数なので，$2a^2-3b^2$ も有理数であり，これを p とお

　　　　くと，　　$\sqrt{2}\,a-\sqrt{3}\,b=p$　……②

　　　　①＋②より，　　$2\sqrt{2}\,a=1+p$, 　$\sqrt{2}=\dfrac{1+p}{2a}$　……③

　　　　①－②より，　　$2\sqrt{3}\,b=1-p$, 　$\sqrt{3}=\dfrac{1-p}{2b}$　……④

　　　　a, b, p は有理数なので，③，④の右辺はともに有理数である
　　　　が，これは $\sqrt{2}$, $\sqrt{3}$ が無理数であることに矛盾する。

第4章 図形と計量

第1節 鋭角の三角比

1 直角三角形を用いた三角比の定義

 問 1　次の直角三角形 ABC において，$\sin A$，$\cos A$，$\tan A$ の値を求めよ。

教科書
p.107

(1)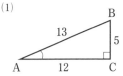

(2)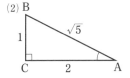

(3)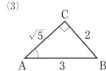

ガイド　1つの鋭角 $\angle XAP$ において，半直線 AP 上の点 B から半直線 AX に垂線 BC を下ろして直角三角形 ABC を作ると，点 B が AP 上のどこにあっても，$\dfrac{BC}{AC}$，$\dfrac{BC}{AB}$，$\dfrac{AC}{AB}$ の値はそれぞれ常に一定で，

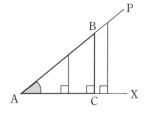

$\angle A$ の大きさだけによって定まる。$\angle A$ の大きさを A で表すとき，それぞれの比の値を，順に，**正接（タンジェント）**，**正弦（サイン）**，**余弦（コサイン）**といい，$\tan A$，$\sin A$，$\cos A$ と書く。

ここがポイント 👉 [直角三角形を用いた三角比の定義]

$$\sin A = \frac{a}{c}, \quad \cos A = \frac{b}{c}, \quad \tan A = \frac{a}{b}$$

$$\left(\frac{\text{対辺}}{\text{斜辺}}\right) \quad \left(\frac{\text{底辺}}{\text{斜辺}}\right) \quad \left(\frac{\text{対辺}}{\text{底辺}}\right)$$

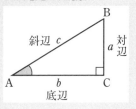

解答　(1) $\sin A = \dfrac{5}{13}$，　$\cos A = \dfrac{12}{13}$，　$\tan A = \dfrac{5}{12}$

(2) $\sin A = \dfrac{1}{\sqrt{5}}$，　$\cos A = \dfrac{2}{\sqrt{5}}$，　$\tan A = \dfrac{1}{2}$

(3)　$\sin A = \dfrac{2}{3}$,　$\cos A = \dfrac{\sqrt{5}}{3}$,　$\tan A = \dfrac{2}{\sqrt{5}}$

ポイント プラス 👉

次の三角比の値は，よく使われるので，覚えておくとよい。

　　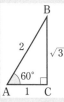

$$\sin 30° = \dfrac{1}{2} \qquad \sin 45° = \dfrac{1}{\sqrt{2}} \qquad \sin 60° = \dfrac{\sqrt{3}}{2}$$

$$\cos 30° = \dfrac{\sqrt{3}}{2} \qquad \cos 45° = \dfrac{1}{\sqrt{2}} \qquad \cos 60° = \dfrac{1}{2}$$

$$\tan 30° = \dfrac{1}{\sqrt{3}} \qquad \tan 45° = \dfrac{1}{1} = 1 \qquad \tan 60° = \dfrac{\sqrt{3}}{1} = \sqrt{3}$$

第4章　図形と計量

問 2　三角比の表を用いて，次の値を求めよ。

教科書 **p.108**

(1)　$\sin 63°$　　　　(2)　$\cos 20°$　　　　(3)　$\tan 50°$

ガイド　三角比の表で，角の大きさから三角比の値を読み取る。

解答　(1)　$\sin 63° = \mathbf{0.8910}$

　　　　(2)　$\cos 20° = \mathbf{0.9397}$

　　　　(3)　$\tan 50° = \mathbf{1.1918}$

⚠注意　表の値は，四捨五入によって小数第4位まで示したものであるが，以後，この値を三角比の値として扱い，等号で書くものとする。

角	正弦 (sin)	余弦 (cos)	正接 (tan)
20°	0.3420	0.9397	0.3640
50°	0.7660	0.6428	1.1918
63°	0.8910	0.4540	1.9626

問 3　三角比の表を用いて，次の ∠A のおよその大きさを求めよ。

教科書 **p.108**

(1)　$\sin A = 0.39$　　　　(2)　$\cos A = 0.53$　　　　(3)　$\tan A = 0.14$

ガイド　三角比の表の数値の中から最も近い値を探し，それに対応する角の大きさを読み取る。

解答▶　(1)　正弦の値が 0.39 に近い
　　　　0.3907 から，　**約 23°**
　　(2)　余弦の値が 0.53 に近い
　　　　0.5299 から，　**約 58°**
　　(3)　正接の値が 0.14 に近い
　　　　0.1405 から，　**約 8°**

角	正弦 (sin)	余弦 (cos)	正接 (tan)
7°	0.1219	0.9925	0.1228
8°	0.1392	0.9903	0.1405
22°	0.3746	0.9272	0.4040
23°	0.3907	0.9205	0.4245
57°	0.8387	0.5446	1.5399
58°	0.8480	0.5299	1.6003

▨問 4　教科書 p.109　右の図において，水平面と
なす角が 10° の斜面 AB を
ケーブルカーで A から B へ
100 m 進むとき，2 地点 A, B
の水平距離 AC は何 m か。1 m 未満を四捨五入して求めよ。

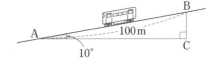

ガイド

ここがポイント 👉

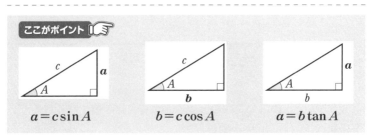

$a = c \sin A$　　　$b = c \cos A$　　　$a = b \tan A$

解答▶　$AC = AB \cos A = 100 \cos 10° = 100 \times 0.9848 = 98.48$　　よって，**98 m**

▨問 5　教科書 p.110　高さ 15 m の校舎の屋上 B か
ら運動場の端 A の俯角を測ると，
14° であった。校舎から運動場
の端までの距離 CA は何 m に
なるか。四捨五入して，小数第 1 位まで求めよ。

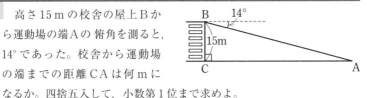

ガイド　測量などで，点 A から点 B を見るとき，
点 A を通る水平面と視線 AB とのなす角を，
点 B が水平面より上にあるならば，**仰角**と
いい，下にあるならば，**俯角**という。

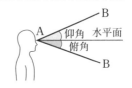

本問では，水平面から見下ろす角 (俯角) が 14° である。

このことから，直角三角形 ABC で，∠ABC の大きさがわかり，さらに，辺 BC の長さもわかっているので，辺 AC の長さを求めるために，$\tan B$ を利用する。

解答　△ABC は，∠C が直角の直角三角形で，
∠ABC＝90°−14°＝76° であるから，
　　CA＝BC tan 76°＝15×4.0108≒60.2
よって，**60.2 m** である。

注意　∠BAC＝14° の利用を考えると，
$\tan 14° = \dfrac{BC}{CA}$ から，$CA = \dfrac{BC}{\tan 14°} = \dfrac{15}{0.2493}$ となる。

三角比を利用する測量の問題では，値を求めやすい鋭角に着目するとよい。

問 6　右の道路標識はある坂道の傾きの程度を表したものである。20 % とは，100 m の水平距離に対して，20 m の割合で高くなることを示している。この坂道の傾斜角のおよその大きさを求めよ。

教科書
p.110

ガイド　状況を図に表すと，右のようになる。求める傾斜角は
∠BAC (A) であり，辺 AC，BC の長さがわかっているから，
$\tan A$ の値を求め，三角比の表から ∠A のおよその大きさを読み取ればよい。

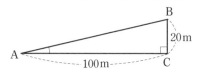

解答　右の図で，
　　$\tan A = \dfrac{BC}{AC} = \dfrac{20}{100} = 0.20$

三角比の表において，正接の値が最も近い 0.1944 に対応する角は 11° だから，　∠A≒11°

よって，傾斜角のおよその大きさは **11°** である。

2 三角比の相互関係

問 7

教科書
p.112

A が鋭角で，$\cos A = \dfrac{2}{3}$ のとき，$\sin A$，$\tan A$ の値を求めよ。

ガイド

ここがポイント ☞ ［三角比の相互関係］

① $\tan A = \dfrac{\sin A}{\cos A}$

② $\sin^2 A + \cos^2 A = 1$ 　　③ $1 + \tan^2 A = \dfrac{1}{\cos^2 A}$

ただし，$\sin^2 A$，$\cos^2 A$，$\tan^2 A$ は，それぞれ $(\sin A)^2$，$(\cos A)^2$，$(\tan A)^2$ を表している。$\cos A$ の値から，上の相互関係②を使って $\sin A$ の値を求める。次に，①を使って $\tan A$ の値を求める。

解答　$\sin^2 A + \cos^2 A = 1$ であるから，　$\sin^2 A + \left(\dfrac{2}{3}\right)^2 = 1$

したがって，　$\sin^2 A = 1 - \dfrac{4}{9} = \dfrac{5}{9}$

A が鋭角より，$\sin A > 0$ であるから，　$\sin A = \sqrt{\dfrac{5}{9}} = \dfrac{\sqrt{5}}{3}$

また，　　$\tan A = \dfrac{\sin A}{\cos A} = \dfrac{\sqrt{5}}{3} \div \dfrac{2}{3} = \dfrac{\sqrt{5}}{2}$

よって，　　$\sin A = \dfrac{\sqrt{5}}{3}$，$\tan A = \dfrac{\sqrt{5}}{2}$

プラスワン　$\cos A$ の値からは，相互関係③を使うと，$\tan A$ の値を求めることができる。次に，①を使って，$\sin A$ の値を求めればよい。

別解　$1 + \tan^2 A = \dfrac{1}{\cos^2 A}$ であるから，　$1 + \tan^2 A = \left(\dfrac{3}{2}\right)^2$

したがって，　$\tan^2 A = \dfrac{9}{4} - 1 = \dfrac{5}{4}$

A が鋭角より，$\tan A > 0$ であるから，　$\tan A = \sqrt{\dfrac{5}{4}} = \dfrac{\sqrt{5}}{2}$

また，$\tan A = \dfrac{\sin A}{\cos A}$ であるから，

$$\sin A = \tan A \times \cos A = \dfrac{\sqrt{5}}{2} \times \dfrac{2}{3} = \dfrac{\sqrt{5}}{3}$$

問 8
教科書 p.112

A が鋭角で，$\tan A = \dfrac{4}{3}$ のとき，$\cos A$，$\sin A$ の値を求めよ。

ガイド $\tan A$ の値から，相互関係$\boxed{3}$を使って，$\cos A$ の値を求める。

さらに，$\boxed{1}$を使って，$\sin A$ の値を求めることができる。

解答 $1 + \tan^2 A = \dfrac{1}{\cos^2 A}$ であるから，

$\dfrac{1}{\cos^2 A} = 1 + \left(\dfrac{4}{3}\right)^2 = \dfrac{25}{9}$　したがって，　$\cos^2 A = \dfrac{9}{25}$

A が鋭角より，$\cos A > 0$ であるから，

$$\cos A = \sqrt{\dfrac{9}{25}} = \dfrac{3}{5}$$

$$\tan A = \dfrac{\sin A}{\cos A} \text{ より，}$$

$$\sin A = \tan A \times \cos A$$

$$= \dfrac{4}{3} \times \dfrac{3}{5} = \dfrac{4}{5}$$

よって，　$\cos A = \dfrac{3}{5}$，$\sin A = \dfrac{4}{5}$

$\sin A$，$\cos A$，$\tan A$ のうちの1つがわかると，残りの2つも求められるんだね。

問 9
教科書 p.113

次の三角比を $0°$ から $45°$ までの角の三角比で表せ。

(1) $\sin 75°$　　　　(2) $\cos 86°$　　　　(3) $\tan 52°$

ガイド

ここがポイント 👉 **[$90° - A$ の三角比]**

$$\sin(90° - A) = \cos A$$
$$\cos(90° - A) = \sin A \qquad \tan(90° - A) = \dfrac{1}{\tan A}$$

それぞれの角を，$90° - (45°$以下の角$)$ の形に表して考える。

解答 (1) $75° = 90° - 15°$ であるから，

$\sin 75° = \sin(90° - 15°) = \mathbf{\cos 15°}$

(2) $86° = 90° - 4°$ であるから，

$\cos 86° = \cos(90° - 4°) = \mathbf{\sin 4°}$

(3) $52° = 90° - 38°$であるから，

$\tan 52° = \tan(90° - 38°) = \mathbf{\dfrac{1}{\tan 38°}}$

第4章　図形と計量

節末問題 | 第1節 鋭角の三角比

1
教科書 **p.114**

右の図のような ∠C＝90° の直角三角形 ABC の辺 AC 上に点Dをとる。

$\tan \angle BAC = \dfrac{1}{5}$, $\tan \angle BDC = \dfrac{2}{3}$,

AD＝6 のとき，辺 BC の長さを求めよ。

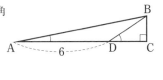

ガイド 辺 BC の長さを x として，与えられた正接の値から，AC, DC を x で表す。これと，AD＝AC－DC＝6 という関係より，x を求める。

解答 辺 BC の長さを x とすると，

$\tan \angle BAC = \dfrac{x}{AC} = \dfrac{1}{5}$ より，　AC＝$5x$

$\tan \angle BDC = \dfrac{x}{DC} = \dfrac{2}{3}$ より，　DC＝$\dfrac{3}{2}x$

また，AD＝AC－DC＝6 であるから，

$5x - \dfrac{3}{2}x = 6$　$\dfrac{7}{2}x = 6$　$x = \dfrac{12}{7}$

よって，辺 BC の長さは $\dfrac{12}{7}$ である。

> 直角三角形 ABC, DBC に着目しよう。

2
教科書 **p.114**

右の図のような ∠C＝90° の直角三角形 ABC において，頂点Cから辺 AB に垂線 CD を下ろす。

AB＝c, ∠BAC＝A とおくとき，次の線分の長さを，c と A を用いて表せ。

(1) BC　　(2) CD　　(3) BD

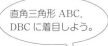

ガイド (2), (3)　$90°-A$ の三角比の関係を利用する。

解答 (1)　直角三角形 ABC において，$\sin \angle BAC = \dfrac{BC}{AB}$ であるから，

　　BC＝AB$\sin \angle BAC = \boldsymbol{c \sin A}$

(2)　直角三角形 BCD において，$\sin \angle CBD = \dfrac{CD}{BC}$ であるから，

　　CD＝BC$\sin \angle CBD$

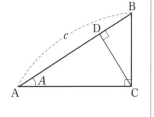

$\angle \mathrm{CBD} + A = 90^\circ$ より，$\angle \mathrm{CBD} = 90^\circ - A$ であるから，

$$\mathrm{CD} = c \sin A \times \sin(90^\circ - A) = \boldsymbol{c \sin A \cos A}$$

(3)　直角三角形 BCD において，$\cos \angle \mathrm{CBD} = \dfrac{\mathrm{BD}}{\mathrm{BC}}$ であるから，

$$\mathrm{BD} = \mathrm{BC} \cos \angle \mathrm{CBD} = c \sin A \times \cos(90^\circ - A) = \boldsymbol{c \sin^2 A}$$

☑ 3

教科書 **p.114**

右の図のような斜めに傾いた塔がある。
この塔の長さ AB と高さ BC を測ると，
　AB = 58.4 m，BC = 58.2 m
であった。
　このとき，∠BAC のおよその大きさを
求めよ。

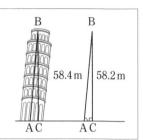

ガイド　$\sin \angle \mathrm{BAC}$ の値を求め，三角比の表を使って，角の大きさを求める。

解答　
$$\sin \angle \mathrm{BAC} = \frac{\mathrm{BC}}{\mathrm{AB}} = \frac{58.2}{58.4} \fallingdotseq 0.9966$$

三角比の表で，正弦の値が最も近い 0.9962 に対応する角は 85° である。よって，∠BAC のおよその大きさは **85°** である。

☑ 4

教科書 **p.114**

A が鋭角で，$\cos A = \dfrac{1}{3}$ のとき，次の値を求めよ。

(1)　$\sin A$　　(2)　$\tan A$　　(3)　$\cos(90^\circ - A)$　　(4)　$\tan(90^\circ - A)$

ガイド　(1), (2)　三角比の相互関係を利用する。

　　　　(3), (4)　$90^\circ - A$ の三角比の関係を利用する。

解答　(1)　$\sin^2 A + \cos^2 A = 1$ より，　$\sin^2 A = 1 - \cos^2 A = 1 - \left(\dfrac{1}{3}\right)^2 = \dfrac{8}{9}$

A が鋭角より，$\sin A > 0$ であるから，　$\sin A = \sqrt{\dfrac{8}{9}} = \dfrac{2\sqrt{2}}{3}$

(2)　$\tan A = \dfrac{\sin A}{\cos A} = \dfrac{2\sqrt{2}}{3} \div \dfrac{1}{3} = 2\sqrt{2}$

(3)　$\cos(90^\circ - A) = \sin A = \dfrac{2\sqrt{2}}{3}$

(4)　$\tan(90^\circ - A) = \dfrac{1}{\tan A} = \dfrac{1}{2\sqrt{2}} = \dfrac{1 \times \sqrt{2}}{2\sqrt{2} \times \sqrt{2}} = \dfrac{\sqrt{2}}{4}$

第2節 三角比の拡張

1 半円と座標を用いた三角比の定義

問 10 下の図を用いて，次の角の正弦，余弦，正接の値を求めよ。

教科書
p.116
(1) 135°

(2) 150°

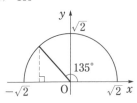
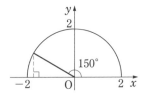

ガイド 座標平面上に原点Oを中心とする半径 r の半円をかき，点 A$(r,\ 0)$ とする。角 θ に対して，半円周上に ∠AOP$=\theta$ となる点 P$(x,\ y)$ をとる。$0°\leqq\theta\leqq180°$ の範囲にある角 θ の三角比を次の式で定義する。

ここがポイント ☞ [半円と座標を用いた三角比の定義]

$$\sin\theta=\frac{y}{r}\quad\cos\theta=\frac{x}{r}$$

$$\tan\theta=\frac{y}{x}$$

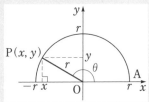

解答 (1) 右の図で，∠AOP$=135°$ より，
点Pの座標は $(-1,\ 1)$ となるから，

$$\sin135°=\frac{1}{\sqrt{2}},\quad\cos135°=-\frac{1}{\sqrt{2}}$$

$$\tan135°=-1$$

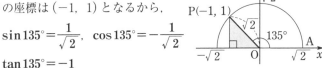

(2) 右の図で，∠AOP$=150°$ より，
点Pの座標は $(-\sqrt{3},\ 1)$ となるから，

$$\sin150°=\frac{1}{2},\quad\cos150°=-\frac{\sqrt{3}}{2}$$

$$\tan150°=-\frac{1}{\sqrt{3}}$$

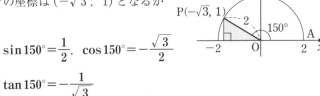

⚠️注意　$\theta=90°$ のとき，点Pの座標は $(0,\ r)$ となるから，

$\sin 90°=\dfrac{r}{r}=1$, $\cos 90°=\dfrac{0}{r}=0$ であり，$\tan 90°$ は定義されない。

┃プラスワン┃　$0°$ 以上 $180°$ 以下の角の三角比の値のうちで，よく使われる
ものをまとめると，次のようになる。

θ	$0°$	$30°$	$45°$	$60°$	$90°$	$120°$	$135°$	$150°$	$180°$
$\sin\theta$	0	$\dfrac{1}{2}$	$\dfrac{1}{\sqrt{2}}$	$\dfrac{\sqrt{3}}{2}$	1	$\dfrac{\sqrt{3}}{2}$	$\dfrac{1}{\sqrt{2}}$	$\dfrac{1}{2}$	0
$\cos\theta$	1	$\dfrac{\sqrt{3}}{2}$	$\dfrac{1}{\sqrt{2}}$	$\dfrac{1}{2}$	0	$-\dfrac{1}{2}$	$-\dfrac{1}{\sqrt{2}}$	$-\dfrac{\sqrt{3}}{2}$	-1
$\tan\theta$	0	$\dfrac{1}{\sqrt{3}}$	1	$\sqrt{3}$	✕	$-\sqrt{3}$	-1	$-\dfrac{1}{\sqrt{3}}$	0

■問 11　次の三角比を鋭角の三角比で表せ。

教科書
p.118　(1)　$\sin 155°$　　(2)　$\cos 144°$　　(3)　$\tan 172°$　　(4)　$\sin 105°$

ガイド

　ここがポイント 👉　[$180°-\theta$ の三角比]
　　$\sin(180°-\theta)=\sin\theta$
　　$\cos(180°-\theta)=-\cos\theta$　　　$\tan(180°-\theta)=-\tan\theta$

それぞれの角を，$180°-$(鋭角) の形に表して考える。

解答▶　(1)　$155°=180°-25°$ であるから，
　　　　　$\sin 155°=\sin(180°-25°)=\boldsymbol{\sin 25°}$

　　　(2)　$144°=180°-36°$ であるから，
　　　　　$\cos 144°=\cos(180°-36°)=\boldsymbol{-\cos 36°}$

　　　(3)　$172°=180°-8°$ であるから，
　　　　　$\tan 172°=\tan(180°-8°)=\boldsymbol{-\tan 8°}$

　　　(4)　$105°=180°-75°$ であるから，
　　　　　$\sin 105°=\sin(180°-75°)=\boldsymbol{\sin 75°}$

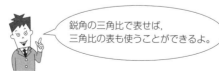

鋭角の三角比で表せば，
三角比の表も使うことができるよ。

第4章　図形と計量

2　三角比の相互関係

問 12
教科書
p.120

$0°\leqq\theta\leqq180°$ で，$\sin\theta=\dfrac{3}{4}$ のとき，$\cos\theta$，$\tan\theta$ の値を求めよ。

ガイド

ここがポイント 👉 [三角比の相互関係]

① $\tan\theta=\dfrac{\sin\theta}{\cos\theta}$　　② $\sin^2\theta+\cos^2\theta=1$

③ $1+\tan^2\theta=\dfrac{1}{\cos^2\theta}$

まず，$\cos\theta$ の値を求める。$0°\leqq\theta\leqq90°$ のときと $90°<\theta\leqq180°$ のときとで場合分けする。

解答 $\sin^2\theta+\cos^2\theta=1$ より，　$\cos^2\theta=1-\left(\dfrac{3}{4}\right)^2=\dfrac{7}{16}$

(ⅰ) $0°\leqq\theta\leqq90°$ のとき，$\cos\theta\geqq0$ であるから，

$\cos\theta=\dfrac{\sqrt{7}}{4}$，　$\tan\theta=\dfrac{\sin\theta}{\cos\theta}=\dfrac{3}{4}\div\dfrac{\sqrt{7}}{4}=\dfrac{3}{\sqrt{7}}=\dfrac{3\sqrt{7}}{7}$

(ⅱ) $90°<\theta\leqq180°$ のとき，教科書 p.120 例題5 の結果より，

$\cos\theta=-\dfrac{\sqrt{7}}{4}$，　$\tan\theta=-\dfrac{3\sqrt{7}}{7}$

以上により，　$\cos\theta=\dfrac{\sqrt{7}}{4}$，$\tan\theta=\dfrac{3\sqrt{7}}{7}$

または，　$\cos\theta=-\dfrac{\sqrt{7}}{4}$，$\tan\theta=-\dfrac{3\sqrt{7}}{7}$

問 13
教科書
p.120

$0°\leqq\theta\leqq180°$ で，$\tan\theta=-3$ のとき，$\cos\theta$，$\sin\theta$ の値を求めよ。

ガイド $\tan\theta$ の値から，相互関係③を使って，まず，$\cos\theta$ の値を求め，次に①を変形して $\tan\theta$ と $\cos\theta$ の値から $\sin\theta$ を求めるとよい。

解答 $1+\tan^2\theta=\dfrac{1}{\cos^2\theta}$ であるから，$\tan\theta=-3$ より，

$\dfrac{1}{\cos^2\theta}=1+\tan^2\theta=1+(-3)^2=10$　すなわち，　$\cos^2\theta=\dfrac{1}{10}$

$\tan\theta<0$ より，θ は鈍角であるから，　$\cos\theta<0$

したがって，　$\cos\theta=-\sqrt{\dfrac{1}{10}}=-\dfrac{\sqrt{10}}{10}$

また，　$\tan\theta=\dfrac{\sin\theta}{\cos\theta}$　より，

$$\sin\theta=\tan\theta\times\cos\theta=-3\times\left(-\dfrac{\sqrt{10}}{10}\right)=\dfrac{3\sqrt{10}}{10}$$

よって，　$\cos\theta=-\dfrac{\sqrt{10}}{10}$，$\sin\theta=\dfrac{3\sqrt{10}}{10}$

問 14　$0°\leqq\theta\leqq180°$ のとき，次の等式を満たす θ を求めよ。

教科書
p.121　(1) $\sin\theta=\dfrac{\sqrt{3}}{2}$ $\qquad\qquad$ (2) $\cos\theta=-\dfrac{1}{\sqrt{2}}$

(3) $\sin\theta=\dfrac{1}{2}$ $\qquad\qquad$ (4) $\cos\theta=\dfrac{\sqrt{3}}{2}$

- -

ガイド　原点 O を中心とする半径 1 の半円上の点 P の座標は $(\cos\theta,\ \sin\theta)$ と表される。この半円上に，(1), (3)では y 座標がそれぞれ $\dfrac{\sqrt{3}}{2}$, $\dfrac{1}{2}$ となる点 P，(2), (4)では x 座標がそれぞれ $-\dfrac{1}{\sqrt{2}}$, $\dfrac{\sqrt{3}}{2}$ となる点 P をとり，OP と x 軸の正の向きとのなす角を考える。

解答　(1) 半径 1 の半円上で，y 座標が

$\dfrac{\sqrt{3}}{2}$ となるのは，右の図の 2 点

P，P′ であり，

$\qquad\angle$AOP$=60°$

$\qquad\angle$AOP′$=180°-60°=120°$

$\qquad$求める角は，この $\angle$AOP，$\angle$AOP′ であるから，

$\qquad\qquad\theta=60°$，$120°$

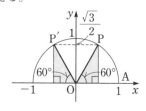

(2) 半径 1 の半円上で，x 座標が

$-\dfrac{1}{\sqrt{2}}$ となるのは，右の図の点

P であり，

$\qquad\angle$AOP$=180°-45°=135°$

$\qquad$求める角は，この $\angle$AOP で

あるから，　$\theta=135°$

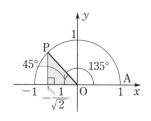

第4章　図形と計量

(3) 半径 1 の半円上で，y 座標が $\dfrac{1}{2}$ となるのは，右の図の 2 点

P，P′ であり，

$$\angle AOP = 30°$$
$$\angle AOP' = 180° - 30° = 150°$$

求める角は，この $\angle AOP$，$\angle AOP'$ であるから，

$$\theta = 30°, \ 150°$$

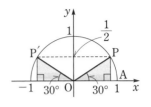

(4) 半径 1 の半円上で，x 座標が $\dfrac{\sqrt{3}}{2}$

となるのは，右の図の点 P であり，

$$\angle AOP = 30°$$

求める角は，この $\angle AOP$ である

から， $\theta = 30°$

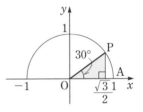

問15 $0° \le \theta \le 180°$ のとき，次の等式を満たす θ を求めよ。

教科書 **p.122** (1) $\tan\theta = 1$ 　　　　　(2) $\tan\theta = -\dfrac{1}{\sqrt{3}}$

- -

ガイド 下の図のように，点 A(1, 0) を通り x 軸に垂直な直線 ℓ を引き，ℓ と直線 OP との交点を T(1, t) とすると，$\tan\theta = \dfrac{y}{x} = \dfrac{t}{1}$ が成り立つから，$t = \tan\theta$ である。

$0° \le \theta < 90°$ 　　　　　　　　$90° < \theta \le 180°$

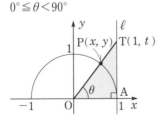 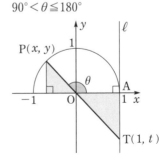

(1)は T(1, 1)，(2)は T$\left(1, \ -\dfrac{1}{\sqrt{3}}\right)$ をとる。

解答▶ (1) 右の図のように，半径 1 の
半円上の点 A(1, 0) を通り，
x 軸に垂直な直線 ℓ 上に，点
T(1, 1) をとる。
　　直線 OT と半円との交点
を P とすると，∠AOP＝45°
　　求める角は，この ∠AOP であるから，　**$\theta=45°$**

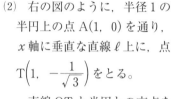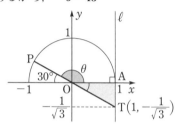

(2) 右の図のように，半径 1 の
半円上の点 A(1, 0) を通り，
x 軸に垂直な直線 ℓ 上に，点
$T\left(1, -\dfrac{1}{\sqrt{3}}\right)$ をとる。
　　直線 OT と半円との交点を
P とすると，
$$\angle AOP=180°-30°=150°$$
　　求める角は，この ∠AOP であるから，　**$\theta=150°$**

問 16 次の直線と x 軸の正の向きとのなす角を求めよ。

教科書
p.123 (1)　$y=\dfrac{1}{\sqrt{3}}x$　　　　　　(2)　$y=-x$

- -

ガイド

ここがポイント 👉
　直線 $y=mx$ と x 軸の正の向きとの
なす角を θ とすると，$m=\tan\theta$

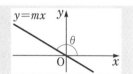

なす角は，x 軸の正の部分から，時計の針の回転と逆の向きに測る。

解答▶ (1) 求めるなす角 θ は，$\tan\theta=\dfrac{1}{\sqrt{3}}$ より，　**$\theta=30°$**

(2) 求めるなす角 θ は，$\tan\theta=-1$ より，　**$\theta=135°$**

(1)

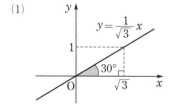

(2)

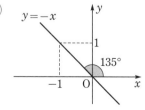

節末問題 | 第2節 三角比の拡張

□ **1**

教科書
p.123

△ABC において，次の等式が成り立つことを示せ。

(1) $\sin(A+B)=\sin C$　　　　(2) $\cos(A+B)=-\cos C$

ガイド $A+B=180°-C$ に着目し，$180°-\theta$ の三角比の関係を利用する。

$\sin(180°-\theta)=\sin\theta$　　$\cos(180°-\theta)=-\cos\theta$

解答 $A+B+C=180°$ より，　$A+B=180°-C$　……①

(1) ①を用いて，　$\sin(A+B)=\sin(180°-C)=\sin C$

(2) ①を用いて，　$\cos(A+B)=\cos(180°-C)=-\cos C$

□ **2**

教科書
p.123

$90°\leqq\theta\leqq180°$ で，$\cos\theta=-\dfrac{2}{3}$ のとき，$\sin\theta$，$\tan\theta$ の値を求めよ。

ガイド まず，$\sin^2\theta+\cos^2\theta=1$ を利用して，$\sin\theta$ の値を求める。次に，

$\tan\theta=\dfrac{\sin\theta}{\cos\theta}$ を利用して，$\tan\theta$ の値を求める。

解答 $\sin^2\theta+\cos^2\theta=1$ より，　$\sin^2\theta=1-\left(-\dfrac{2}{3}\right)^2=\dfrac{5}{9}$

また，$90°\leqq\theta\leqq180°$ で，$\sin\theta\geqq0$ であるから，　$\sin\theta=\dfrac{\sqrt{5}}{3}$

このとき，　$\tan\theta=\dfrac{\sin\theta}{\cos\theta}=\dfrac{\sqrt{5}}{3}\div\left(-\dfrac{2}{3}\right)=-\dfrac{\sqrt{5}}{2}$

よって，　$\boldsymbol{\sin\theta=\dfrac{\sqrt{5}}{3}}$，$\boldsymbol{\tan\theta=-\dfrac{\sqrt{5}}{2}}$

□ **3**

教科書
p.123

$0°\leqq\theta\leqq180°$ のとき，$4\cos^2\theta-3=0$ を満たす θ を求めよ。

ガイド $\cos\theta$ についての2次方程式であり，「$\cos\theta=\sim$」の形の等式が2つ

導かれる。それぞれの等式を満たす θ を求める。

解答 $4\cos^2\theta-3=0$ より，　$\cos^2\theta=\dfrac{3}{4}$

したがって，　$\cos\theta=\pm\sqrt{\dfrac{3}{4}}=\pm\dfrac{\sqrt{3}}{2}$

半径 1 の半円上で x 座標が $\dfrac{\sqrt{3}}{2}$ とな

るのは，右の図の点 P であり，

$$\angle \text{AOP}=30°$$

求める角の 1 つは，この $\angle \text{AOP}$ である

から，　$\theta=30°$

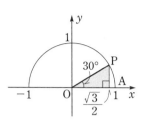

半径 1 の半円上で x 座標が $-\dfrac{\sqrt{3}}{2}$ とな

るのは右の図の点 P′ であり，

$$\angle \text{AOP}'=180°-30°=150°$$

求める角の 1 つは，この $\angle \text{AOP}'$ であ

るから，　$\theta=150°$

よって，求める θ は，　$\boldsymbol{\theta=30°,\ 150°}$

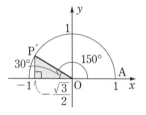

□ **4**

教科書 p.123

$0°≦\theta≦180°$ のとき，$\sin\theta=-\cos\theta$ を満たす θ を求めよ。

ガイド　与えられた等式と $\sin^2\theta+\cos^2\theta=1$ から $\sin\theta$（または $\cos\theta$）を消
去し，1種類の三角比で表された方程式を導く。

　その際，$0°≦\theta≦180°$ より，$\sin\theta≧0$ なので，$-\cos\theta≧0$ すなわち，
$\cos\theta≦0$（$90°≦\theta≦180°$）であることに注意する。

解答　　　　　$\sin\theta=-\cos\theta$ 　　　　　……①

$0°≦\theta≦180°$ で，$\sin\theta≧0$ であるから，①より，

　$-\cos\theta≧0$，すなわち，　$\cos\theta≦0$ ……②

$\sin^2\theta+\cos^2\theta=1$ であるから，①より，

$$(-\cos\theta)^2+\cos^2\theta=1 \quad\text{すなわち,}\quad \cos^2\theta=\frac{1}{2}$$

②より，　$\cos\theta=-\sqrt{\dfrac{1}{2}}=-\dfrac{1}{\sqrt{2}}$

半径 1 の半円上で x 座標が $-\dfrac{1}{\sqrt{2}}$

となるのは，右の図の点 P であり，

$$\angle \text{AOP}=180°-45°=135°$$

求める角は，この $\angle \text{AOP}$ であるから，

　$\boldsymbol{\theta=135°}$

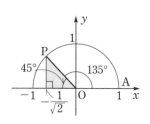

⚠注意　本問において，②が成立することを確認しておくことは必須である。

　もし，これを怠ると，$\cos\theta \leqq 0$，すなわち，$90° \leqq \theta \leqq 180°$ という制約があることに気付かずに，

$$\cos^2\theta = \frac{1}{2} \longrightarrow \cos\theta = \pm\frac{1}{\sqrt{2}} \longrightarrow \theta = 45°,\ 135°$$

のように，誤った答を求めてしまうことになるので，十分な注意が必要である。

▌プラスワン▌　本問のように，$\sin\theta$，$\cos\theta$ の間の関係式から与えられた問題では，与えられた関係式と，つねに成り立つ等式である $\sin^2\theta + \cos^2\theta = 1$ をともに用いて式変形することを考えるとよい。

📐 **5**

教科書 **p.123**

2直線 $y=-x$，$y=\sqrt{3}\,x$ のなす角 θ を求めよ。ただし，$0° \leqq \theta \leqq 90°$ とする。

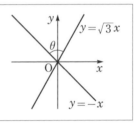

ガイド　2直線のそれぞれと x 軸の正の向きとのなす角を求めると，その差（鋭角）が，2直線のなす角となる。

解答　直線 $y=-x$ と x 軸の正の向きとのなす角を θ_1 とすると，

$\tan\theta_1 = -1$ より，　$\theta_1 = 135°$

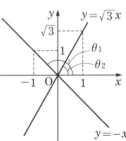

　直線 $y=\sqrt{3}\,x$ と x 軸の正の向きとのなす角を θ_2 とすると，

$\tan\theta_2 = \sqrt{3}$ より，　$\theta_2 = 60°$

　2直線のなす角は，$\theta = \theta_1 - \theta_2$ であるから，　　$\theta = 135° - 60° = 75°$

　よって，　**$\theta = 75°$**

第3節　正弦定理と余弦定理

1　正弦定理

問 17
教科書 **p.124**

円 O に内接する四角形 ABCD では，向かい合う内角の和について，∠A＋∠C＝180° であることを示せ。

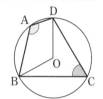

ガイド　円周角の定理のうち，1つの弧に対する円周角の大きさは，その弧に対する中心角の大きさの半分であることを使う。

解答　$\overgroup{\mathrm{BCD}}$，$\overgroup{\mathrm{BAD}}$ のそれぞれに対する円周角と中心角の関係から，

$$\angle\mathrm{A}=\frac{1}{2}(\angle\mathrm{BOC}+\angle\mathrm{COD})$$

$$\angle\mathrm{C}=\frac{1}{2}(\angle\mathrm{BOA}+\angle\mathrm{AOD})$$

したがって，

$$\angle\mathrm{A}+\angle\mathrm{C}=\frac{1}{2}(\angle\mathrm{BOC}+\angle\mathrm{COD}+\angle\mathrm{BOA}+\angle\mathrm{AOD})$$

$$=\frac{1}{2}\times360°=180°$$

よって，　　∠A＋∠C＝180°

問 18
教科書 **p.126**

△ABC において，外接円の半径を R とするとき，次のものを求めよ。

(1) $C=30°$，$c=\sqrt{5}$ のとき，R

(2) $a=10$，$R=5\sqrt{2}$ のとき，A

ガイド

ここがポイント　[正弦定理]

△ABC の外接円の半径を R とすると，

$$\frac{a}{\sin A}=\frac{b}{\sin B}=\frac{c}{\sin C}=2R$$

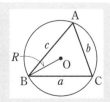

第4章　図形と計量

　三角形の3つの頂点を通る円を，その三角形の**外接円**という。また，a，b，c はそれぞれ頂点 A，B，C に対する辺の長さを表す。

　正弦定理はある辺とその対角および外接円の半径の間の関係式であるから，このうちの2つが与えられれば，正弦定理を用いてもう1つの値を求めることができる。

解答▶　(1)　正弦定理により，　$2R = \dfrac{\sqrt{5}}{\sin 30°}$

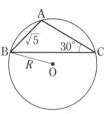

　　　　　　よって，　$R = \dfrac{\sqrt{5}}{2\sin 30°}$

　　　　　　　　　　　$= \sqrt{5} \div \left(2 \times \dfrac{1}{2}\right) = \sqrt{5}$

　　(2)　正弦定理により，　$\dfrac{10}{\sin A} = 2 \times 5\sqrt{2}$

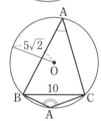

　　　　　よって，　$\sin A = \dfrac{10}{10\sqrt{2}} = \dfrac{1}{\sqrt{2}}$

　　　　　ゆえに，　$A = 45°,\ 135°$

問 19　次の △ABC において，次のものを求めよ。

教科書 **p.126**
(1)　$A = 75°$，$C = 60°$，$b = 6$ のとき，c
(2)　$A = 135°$，$a = 4\sqrt{2}$，$b = 4$ のとき，B

- -

ガイド　正弦定理を用いる。
(1)　まず，B を求めてから，b と B の組をもとにする。
(2)　A と a の組をもとにして，$\sin B$ の値を求める。このとき，B には制約があることに注意する。

解答▶　(1)　　$B = 180° - (75° + 60°) = 45°$
　　　　　　であるから，正弦定理により，

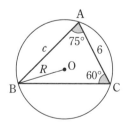

　　　　　　　　$\dfrac{6}{\sin 45°} = \dfrac{c}{\sin 60°}$

　　　　　　したがって，　$c = \dfrac{6}{\sin 45°} \times \sin 60°$

　　　　　　　　　　　　$= 6 \div \dfrac{1}{\sqrt{2}} \times \dfrac{\sqrt{3}}{2}$

　　　　　　　　　　　　$= 3\sqrt{6}$

(2)　正弦定理により，

$$\frac{4\sqrt{2}}{\sin 135°}=\frac{4}{\sin B}$$

$$\sin B=\frac{4}{4\sqrt{2}}\times\sin 135°$$

$$=\frac{1}{\sqrt{2}}\times\frac{1}{\sqrt{2}}=\frac{1}{2}$$

ここで，

$$B=180°-(135°+C)<45°$$

であるから，　　$B=30°$

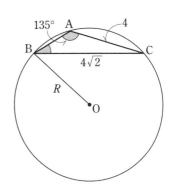

2　余弦定理

問 20　△ABC において，$a=15$，$c=7$，$B=60°$ のとき，b を求めよ。

教科書
p.128

ガイド

ここがポイント 👉 [余弦定理]

$$a^2=b^2+c^2-2bc\cos A$$
$$b^2=c^2+a^2-2ca\cos B$$
$$c^2=a^2+b^2-2ab\cos C$$

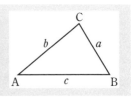

三角形の2辺の長さと1つの角の大きさが与えられた場合は，余弦定理を用いて，残りの辺の長さを求めることができる。

b を求めるから，余弦定理のうち，左辺が b^2 であるものを使う。

解答　余弦定理により，

$$b^2=7^2+15^2-2\cdot 7\cdot 15\cdot\cos 60°$$

$$=49+225-2\cdot 7\cdot 15\cdot\frac{1}{2}$$

$$=169$$

$b>0$ より，　　$b=13$

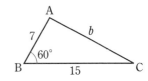

問 21　次の △ABC において，A を求めよ。

教科書
p.128　(1)　$a=7$，$b=2$，$c=5\sqrt{3}$　　　　(2)　$a=5$，$b=1$，$c=3\sqrt{2}$

ガイド

ここがポイント 👉

$$\cos A = \frac{b^2+c^2-a^2}{2bc} \qquad \cos B = \frac{c^2+a^2-b^2}{2ca}$$

$$\cos C = \frac{a^2+b^2-c^2}{2ab}$$

余弦定理を変形して得られる等式で，3辺の長さから角の大きさが求められる。Aを求めるから，左辺が $\cos A$ であるものを使う。

解答 ▶

(1) 余弦定理により，$\cos A = \dfrac{2^2+(5\sqrt{3})^2-7^2}{2\cdot 2\cdot 5\sqrt{3}} = \dfrac{30}{20\sqrt{3}} = \dfrac{\sqrt{3}}{2}$

$0° < A < 180°$ より，$A = 30°$

(2) 余弦定理により，$\cos A = \dfrac{1^2+(3\sqrt{2})^2-5^2}{2\cdot 1\cdot 3\sqrt{2}} = -\dfrac{6}{6\sqrt{2}} = -\dfrac{1}{\sqrt{2}}$

$0° < A < 180°$ より，$A = 135°$

(1)　　　　　　　　　　　　　　　　(2)

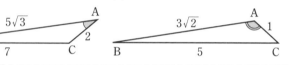

テクニック 余弦定理を用いて辺の長さを求めるときは，$a^2 = \cdots\cdots$ の形の式，角の大きさを求めるときは，$\cos A = \cdots\cdots$ の形の式を使うとよい。

問 22 次の △ABC において，A は鋭角，直角，鈍角のうちどれであるか。

(1) $a=4$，$b=3$，$c=2$ 　　　　(2) $a=6$，$b=5$，$c=4$

ガイド △ABC において，$\cos A = \dfrac{b^2+c^2-a^2}{2bc}$ より，$\cos A$ の値の符号と $b^2+c^2-a^2$ の値の符号は一致する。したがって，次のことが成り立つ。

ここがポイント 👉

A が**鋭角** $(\cos A > 0) \iff b^2+c^2 > a^2$

A が**直角** $(\cos A = 0) \iff b^2+c^2 = a^2$

A が**鈍角** $(\cos A < 0) \iff b^2+c^2 < a^2$

b^2+c^2 と a^2 の大小関係を調べて判定する。

解答▶ (1) 　　　　　　　$b^2+c^2=3^2+2^2=13$　　　$a^2=4^2=16$

よって，$b^2+c^2<a^2$ が成り立つから，A は**鈍角**である。

(2) 　　　　　　　$b^2+c^2=5^2+4^2=41$　　　$a^2=6^2=36$

よって，$b^2+c^2>a^2$ が成り立つから，A は**鋭角**である。

(1) 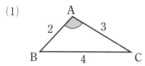　　　　　　(2)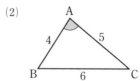

問 23　△ABC において，$a=4$，$b=8$，$c=9$ のとき，△ABC は鋭角三角形，

教科書
p.129　直角三角形，鈍角三角形のうちどれであるか。

- -

ガイド　たとえば，△ABC において，$b<a \iff B<A$ のように，**辺の大**
小関係と，その向かい合う角の大小関係は一致する。

> **ここがポイント** ☞
>
> 　△ABC において，
>
> 　　a が最大の辺 $\iff$ A が最大の角
>
>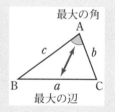

解答▶　△ABC において，$a=4$，$b=8$，$c=9$ のとき，c が最大の辺となる
から，C が最大の角になる。

　　　$a^2+b^2=4^2+8^2=80$，　　$c^2=9^2=81$

より，$a^2+b^2<c^2$ が成り立つから，C は鈍角である。

　　　よって，△ABC は**鈍角三角形**である。

> 実際に三角形をかかなくても，
> 計算だけでどんな三角形か
> わかるんだね。

☑問 24 次の △ABC において，残りの辺の長さと角の大きさを求めよ。

教科書
p.130

(1) $b=3$, $C=75°$, $A=45°$

(2) $a=\sqrt{6}$, $b=\sqrt{3}-1$, $C=45°$

- -

ガイド 2つの角がわかれば，残りの角もわかる。また，1辺と2つの角，または2辺と1つの角がわかれば，正弦定理か余弦定理によって残りの辺の長さを求めることができる。

解答▶ (1) $B=180°-(A+C)=180°-(45°+75°)=60°$ であるから，正弦

定理により，$\dfrac{a}{\sin 45°}=\dfrac{3}{\sin 60°}$

$$a=\frac{3}{\sin 60°}\times\sin 45°=3\div\frac{\sqrt{3}}{2}\times\frac{1}{\sqrt{2}}=\sqrt{6}$$

余弦定理により，

$$b^2=c^2+a^2-2ca\cos B$$

$$3^2=c^2+(\sqrt{6})^2-2\cdot c\cdot\sqrt{6}\cdot\frac{1}{2}$$

$$c^2-\sqrt{6}\,c-3=0$$

$$c=\frac{\sqrt{6}\pm 3\sqrt{2}}{2}$$

$c>0$ より，$c=\dfrac{\sqrt{6}+3\sqrt{2}}{2}$

以上のことから，$\boldsymbol{a=\sqrt{6}}$, $\boldsymbol{c=\dfrac{\sqrt{6}+3\sqrt{2}}{2}}$, $\boldsymbol{B=60°}$

(2) 余弦定理により，

$$c^2=(\sqrt{6})^2+(\sqrt{3}-1)^2$$

$$-2\cdot\sqrt{6}\cdot(\sqrt{3}-1)\cos 45°$$

$$=6+(4-2\sqrt{3})$$

$$-2\sqrt{6}(\sqrt{3}-1)\cdot\frac{1}{\sqrt{2}}=4$$

$c>0$ より，$c=2$

さらに，余弦定理により，

$$\cos A=\frac{(\sqrt{3}-1)^2+2^2-(\sqrt{6})^2}{2\cdot(\sqrt{3}-1)\cdot 2}=\frac{2(1-\sqrt{3})}{4(\sqrt{3}-1)}=-\frac{1}{2}$$

$0°<A<180°$ より，$A=120°$

このとき，$B=180°-(120°+45°)=15°$

以上のことから，　$c=2$，$A=120°$，$B=15°$

テクニック　三角形のいくつかの辺や角の条件が与えられたとき，三角形を決定するには，次の定理を用いて考えるとよい。

与えられた条件が，

1辺と2つの角　　　⟶　　正弦定理

2辺と1つの角，3辺　⟶　　余弦定理

参考　三角形の形状　　〔発展〕

問1　△ABC において，等式

教科書 **p.131**
$$a\cos A = b\cos B$$
が成り立つとき，この三角形はどのような三角形か。

ガイド　三角形における辺や三角比を含む関係式から，三角形がどのような形であるかわかることがある。

余弦定理を用いて，$\cos A$，$\cos B$ を a, b, c で表し，辺だけの関係式に変えて考える。

解答　余弦定理を用いて，与えられた等式を辺の長さに関する関係式で表すと，
$$a\cdot\frac{b^2+c^2-a^2}{2bc}=b\cdot\frac{c^2+a^2-b^2}{2ca}$$

両辺に $2abc$ を掛けると，
$$a^2(b^2+c^2-a^2)=b^2(c^2+a^2-b^2)$$
$$a^2b^2+a^2c^2-a^4=b^2c^2+a^2b^2-b^4$$

c について整理すると，
$$(a^2-b^2)c^2-(a^4-b^4)=0$$
$$(a^2-b^2)\{c^2-(a^2+b^2)\}=0$$
$$(a+b)(a-b)\{c^2-(a^2+b^2)\}=0$$

ここで，$a>0$，$b>0$ であるから，
$$a=b，または，c^2=a^2+b^2$$

よって，△ABC は，**CB=CA の二等辺三角形**，または，**$C=90°$ の直角三角形**である。

問 2　△ABC において，等式

教科書
p.131
$$\sin^2 A + \sin^2 B = \sin^2 C$$

が成り立つとき，この三角形はどのような三角形か。

- -

ガイド　正弦定理を用いて，辺だけの関係式に変えて考える。

解答　正弦定理　$\dfrac{a}{\sin A} = \dfrac{b}{\sin B} = \dfrac{c}{\sin C} = 2R$　（R は外接円の半径）

より，　　　$\sin A = \dfrac{a}{2R}$,　　$\sin B = \dfrac{b}{2R}$,　　$\sin C = \dfrac{c}{2R}$

であるから，与えられた等式に代入して，

$$\left(\frac{a}{2R}\right)^2 + \left(\frac{b}{2R}\right)^2 = \left(\frac{c}{2R}\right)^2$$

両辺に $4R^2$ を掛けると，　　$a^2 + b^2 = c^2$

よって，△ABC は，**$C = 90°$ の直角三角形**である。

節末問題 | 第3節　正弦定理と余弦定理

☑ **1**
教科書
p.132

右の図のような △ABC について，
次のものを求めよ。

(1)　$\sin\angle\mathrm{ACB}$

(2)　三角形 ABC の外接円の半径

(3)　$\sin\angle\mathrm{BAC}$

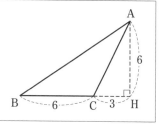

ガイド　(1)　まず，△ACH で，$\sin\angle\mathrm{ACH}$ の値を求めてから，$180°-\theta$ の
三角比を利用する。

(2)　AB の長さを求め，これと(1)の結果を利用して，△ABC に正弦
定理を使う。

(3)　(2)の結果を利用して，△ABC に正弦定理を使う。

解答　(1)　△ACH において，三平方の定理により，

$$\mathrm{AC}=\sqrt{3^2+6^2}=3\sqrt{5}$$

よって，$\angle\mathrm{ACH}=\theta$ とおけば，　$\sin\theta=\dfrac{\mathrm{AH}}{\mathrm{AC}}=\dfrac{6}{3\sqrt{5}}=\dfrac{2}{\sqrt{5}}$

ゆえに，　$\sin\angle\mathrm{ACB}=\sin(180°-\theta)=\sin\theta=\dfrac{2}{\sqrt{5}}$

(2)　△ABH において，三平方の定理により，

$$\mathrm{AB}=\sqrt{(6+3)^2+6^2}=3\sqrt{13}$$

△ABC の外接円の半径をRとすると，正弦定理により，

$$2R=\frac{\mathrm{AB}}{\sin\angle\mathrm{ACB}}=3\sqrt{13}\div\frac{2}{\sqrt{5}}=\frac{3\sqrt{65}}{2}\quad\cdots\cdots①$$

よって，　$R=\dfrac{3\sqrt{65}}{4}$

(3)　△ABC において，正弦定理により，

$\dfrac{\mathrm{BC}}{\sin\angle\mathrm{BAC}}=2R$ だから，①より，　$\dfrac{6}{\sin\angle\mathrm{BAC}}=\dfrac{3\sqrt{65}}{2}$

よって，　$\sin\angle\mathrm{BAC}=\dfrac{6\times2}{3\sqrt{65}}=\dfrac{4\sqrt{65}}{65}$

第4章　図形と計量

2
教科書
p.132

△ABC において，$a=8$，$b=4$，$c=6$ のとき，次の問いに答えよ。

(1) $\cos B$ の値を求めよ。

(2) 辺 BC の中点を M とするとき，中線 AM の長さを求めよ。

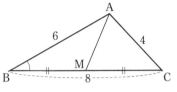

ガイド (1) △ABC に余弦定理を用いる。

(2) △ABM に余弦定理を用いる。

解答 (1) △ABC において余弦定理により，

$$\cos B = \frac{6^2+8^2-4^2}{2\cdot6\cdot8} = \frac{84}{2\cdot6\cdot8} = \frac{7}{8}$$

(2) 点Mは辺 BC の中点であるから，　$BM = \frac{1}{2}BC = 4$

△ABM において余弦定理により，

$$AM^2 = 6^2+4^2-2\cdot6\cdot4\cdot\frac{7}{8} = 36+16-42 = 10$$

$AM>0$ より，　$AM = \sqrt{10}$

3
教科書
p.132

△ABC において，$a=2$，$b=\sqrt{2}$，$c=\sqrt{3}-1$ のとき，すべての角の大きさと外接円の半径Rを求めよ。

ガイド まず，余弦定理を用いて，A，B を求める。

さらに，正弦定理を用いて，外接円の半径を求める。

解答 余弦定理により，

$$\cos A = \frac{(\sqrt{2})^2+(\sqrt{3}-1)^2-2^2}{2\cdot\sqrt{2}\cdot(\sqrt{3}-1)} = \frac{-2(\sqrt{3}-1)}{2\cdot\sqrt{2}\cdot(\sqrt{3}-1)} = -\frac{1}{\sqrt{2}}$$

よって，　$A = 135°$

$$\cos B = \frac{(\sqrt{3}-1)^2+2^2-(\sqrt{2})^2}{2\cdot(\sqrt{3}-1)\cdot2} = \frac{2(3-\sqrt{3})}{2\cdot(\sqrt{3}-1)\cdot2} = \frac{\sqrt{3}}{2}$$

よって，　$B = 30°$

このとき，　$C = 180°-(A+B) = 180°-(135°+30°) = 15°$

また，正弦定理により，　$2R = \dfrac{2}{\sin 135°}$

よって，　$R = \dfrac{2}{2\sin 135°} = 2\div\left(2\times\dfrac{1}{\sqrt{2}}\right) = \sqrt{2}$

☐ **4**
教科書
p.132
△ABC において，$a=2$，$B=30°$，$C=105°$ のとき，残りの辺の長さと角の大きさを求めよ。

ガイド 三角比の値が容易にわかる角を利用して，正弦定理や余弦定理から辺の長さを求める。

解答 $A=180°-(B+C)=180°-(30°+105°)=\boldsymbol{45°}$

正弦定理により，　$\dfrac{2}{\sin 45°}=\dfrac{b}{\sin 30°}$

よって，　$b=\dfrac{2}{\sin 45°}\times\sin 30°=2\div\dfrac{1}{\sqrt{2}}\times\dfrac{1}{2}=\boldsymbol{\sqrt{2}}$

また，余弦定理により，

$2^2=(\sqrt{2})^2+c^2-2\cdot\sqrt{2}\cdot c\cdot\cos 45°$

$4=2+c^2-2\cdot\sqrt{2}\cdot c\cdot\dfrac{1}{\sqrt{2}}$

$c^2-2c-2=0$

$c=-(-1)\pm\sqrt{(-1)^2-1\cdot(-2)}$

$\quad=1\pm\sqrt{3}$

$c>0$ より，　$\boldsymbol{c=1+\sqrt{3}}$

2次方程式
$ax^2+2b'x+c=0$ の
解の公式
$x=\dfrac{-b'\pm\sqrt{b'^2-ac}}{a}$
を思い出そう。

☐ **5**
教科書
p.132
△ABC において，次の等式が成り立つとき，A，B，C のうち最も大きい角の大きさを求めよ。

$$\dfrac{\sin A}{5}=\dfrac{\sin B}{3}=\dfrac{\sin C}{7}$$

ガイド 条件式 $\dfrac{\sin A}{5}=\dfrac{\sin B}{3}=\dfrac{\sin C}{7}$ と正弦定理

$\dfrac{a}{\sin A}=\dfrac{b}{\sin B}=\dfrac{c}{\sin C}=2R$ から，3辺の長さの比 $a:b:c$ を求める。また，最大の長さの辺の対角が最も大きい角になる。

解答 k を正の数として，$\dfrac{\sin A}{5}=\dfrac{\sin B}{3}=\dfrac{\sin C}{7}=k$ とおくと，

$\sin A=5k$，　$\sin B=3k$，　$\sin C=7k$　……①

また，△ABC の外接円の半径を R とすると，正弦定理により，

$\dfrac{a}{\sin A}=\dfrac{b}{\sin B}=\dfrac{c}{\sin C}=2R$ より，

$a=2R\sin A$，　$b=2R\sin B$，　$c=2R\sin C$ なので，

$$a : b : c = 2R\sin A : 2R\sin B : 2R\sin C$$
$$= \sin A : \sin B : \sin C \quad \cdots\cdots ②$$

①, ②より, $a = 5k$, $b = 3k$, $c = 7k$ とおくことができる。

このとき, c が最大の長さの辺であるか

ら, C が最大の角である。

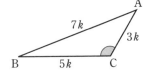

余弦定理により,

$$\cos C = \frac{(5k)^2 + (3k)^2 - (7k)^2}{2 \cdot 5k \cdot 3k}$$

$$= \frac{-15k^2}{2 \cdot 5 \cdot 3k^2} = -\frac{1}{2}$$

$0° < C < 180°$ より, $C = 120°$

よって, 最も大きい角の大きさは, **120°** である。

第**4**節　**図形の計量**

1　図形の面積

問 25　次のような △ABC の面積 S を求めよ。

教科書
p.134　(1)　$a=6$，$c=8$，$B=60°$　　　　(2)　$a=5$，$b=4$，$C=135°$

ガイド

ここがポイント ☞ ［三角形の面積］

△ABC の面積を S とすると，

$$S=\frac{1}{2}bc\sin A=\frac{1}{2}ca\sin B$$
$$=\frac{1}{2}ab\sin C$$

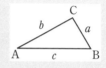

2 辺の長さとその間の角の大きさから，三角形の面積を求める。

解答　(1)　$S=\dfrac{1}{2}\cdot 8\cdot 6\cdot\sin 60°=24\times\dfrac{\sqrt{3}}{2}=\mathbf{12\sqrt{3}}$

(2)　$S=\dfrac{1}{2}\cdot 5\cdot 4\cdot\sin 135°=10\times\dfrac{1}{\sqrt{2}}=\mathbf{5\sqrt{2}}$

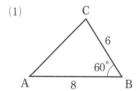 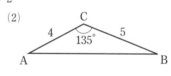

問 26　次のような △ABC の面積 S を求めよ。

教科書
p.134　(1)　$a=7$，$b=5$，$c=8$　　　　(2)　$a=4$，$b=6$，$c=\sqrt{10}$

ガイド　3 辺の長さが与えられたときに面積を求める問題である。まず，余弦定理を用いて，いずれかの角の余弦の値を求める。

解答　(1)　余弦定理により，

$$\cos C=\frac{7^2+5^2-8^2}{2\cdot 7\cdot 5}=\frac{10}{2\cdot 7\cdot 5}=\frac{1}{7}$$

$0°<C<180°$ より，$\sin C>0$ であるから，

$$\sin C=\sqrt{1-\left(\frac{1}{7}\right)^2}=\frac{4\sqrt{3}}{7}$$

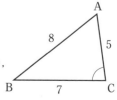

よって，△ABC の面積 S は，

$$S=\frac{1}{2}ab\sin C=\frac{1}{2}\cdot 7\cdot 5\cdot \frac{4\sqrt{3}}{7}=10\sqrt{3}$$

(2)　余弦定理により，

$$\cos C=\frac{4^2+6^2-(\sqrt{10})^2}{2\cdot 4\cdot 6}$$

$$=\frac{42}{2\cdot 4\cdot 6}=\frac{7}{8}$$

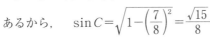

$0°<C<180°$ より，$\sin C>0$ で

あるから，　$\sin C=\sqrt{1-\left(\dfrac{7}{8}\right)^2}=\dfrac{\sqrt{15}}{8}$

よって，△ABC の面積 S は，

$$S=\frac{1}{2}ab\sin C=\frac{1}{2}\cdot 4\cdot 6\cdot \frac{\sqrt{15}}{8}=\frac{3\sqrt{15}}{2}$$

⚠️注意　A, B, C のいずれの角の余弦の値を求めてもよい。そのあとは，
解答 と同様の処理を行えばよい。

2 図形の計量

■問 27　OA＝OB＝OC＝4，AB＝BC＝CA＝6 である三角錐 OABC の体積
教科書 V を求めよ。
p.135
－－－－－－－－－－－－－－－－－－－－－－－－－－－－－－－－－

ガイド　まず，点Oから底面 ABC に垂線 OH を下ろし，点Hが △ABC の
外接円の中心に一致することを示す。次に，垂線 OH の長さを求める。

解答　△OAH と △OBH と △OCH において，

　　OA＝OB＝OC＝4，　　OH は共通

　　∠OHA＝∠OHB＝∠OHC＝90°

より，　△OAH≡△OBH≡△OCH

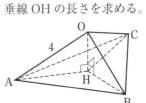

よって，AH＝BH＝CH であるから，
点Hは △ABC の外接円の中心である。

よって，線分 AH は △ABC の外接円の半径であり，△ABC は1
辺の長さが6の正三角形であるから，

正弦定理により，　$\dfrac{6}{\sin 60°}=2AH$

ゆえに，　$AH=\dfrac{6}{2\sin 60°}=2\sqrt{3}$

△OAH において，三平方の定理により，

$$OH = \sqrt{OA^2 - AH^2} = \sqrt{4^2 - (2\sqrt{3})^2} = 2$$

したがって，三角錐 OABC の体積 V は，

$$V = \frac{1}{3} \cdot \triangle ABC \cdot OH = \frac{1}{3} \times \frac{1}{2} \cdot 6 \cdot 6 \sin 60° \times 2 = 6\sqrt{3}$$

参考　三角形の内接円と面積

問 1

教科書
p.137

教科書 134 ページの問 26 (1) の △ABC（$a=7$，$b=5$，$c=8$）の内接円の半径 r を求めよ。

ガイド 三角形の 3 辺すべてに接する円を，その三角形の**内接円**という。

> **ここがポイント** ☞ [三角形の面積と内接円の半径]
>
> 　3 辺の長さが a，b，c である
> △ABC の面積を S，内接円の半径
> を r とすると，
>
> $$S = \frac{1}{2}(a+b+c)r$$

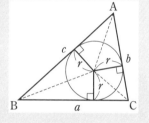

解答 △ABC の面積を S とすると，問 26 (1) より，　$S = 10\sqrt{3}$

上の等式から，　$10\sqrt{3} = \frac{1}{2}(7+5+8)r$　$r = \sqrt{3}$

参考　ヘロンの公式　　　　　　　　　　　　　　　　　〈発展〉

問 1

教科書
p.138

$a=8$，$b=7$，$c=3$ である △ABC の面積 S を，ヘロンの公式を用いて求めよ。

ガイド

> **ここがポイント** ☞ [ヘロンの公式]
>
> 　△ABC の面積を S，$s = \frac{1}{2}(a+b+c)$ とすると，
>
> $$S = \sqrt{s(s-a)(s-b)(s-c)}$$

解答 $s = \frac{1}{2}(a+b+c) = \frac{1}{2}(8+7+3) = 9$

$S = \sqrt{s(s-a)(s-b)(s-c)}$
$\quad = \sqrt{9(9-8)(9-7)(9-3)} = \sqrt{9 \cdot 1 \cdot 2 \cdot 6} = 6\sqrt{3}$

節末問題 | 第4節 図形の計量

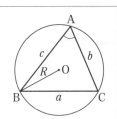

□ **1**
教科書
p.139
△ABC の面積を S, 外接円の半径を R とするとき, 次の等式が成り立つことを示せ。

(1) $S = \dfrac{abc}{4R}$

(2) $S = 2R^2 \sin A \sin B \sin C$

ガイド 三角形の面積の公式と正弦定理を利用する。

(1) 面積の公式のうち, たとえば, $S = \dfrac{1}{2}bc\sin A$ を使うときは,

正弦定理より, $\sin A$ を a と R で表し, 代入すればよい。

(2) 正弦定理より, a, b, c を R と $\sin A$, $\sin B$, $\sin C$ で表し, (1) の結果に代入する。

解答 (1) 正弦定理 $\dfrac{a}{\sin A} = 2R$ より, $\sin A = \dfrac{a}{2R}$

また, △ABC の面積 S は, $S = \dfrac{1}{2}bc\sin A$ であるから,

$$S = \dfrac{1}{2}bc\sin A = \dfrac{1}{2}bc \cdot \dfrac{a}{2R} = \dfrac{abc}{4R}$$

(2) 正弦定理 $\dfrac{a}{\sin A} = \dfrac{b}{\sin B} = \dfrac{c}{\sin C} = 2R$ より,

$$a = 2R\sin A, \qquad b = 2R\sin B, \qquad c = 2R\sin C$$

であるから, (1)の結果に代入すると,

$$S = \dfrac{abc}{4R}$$
$$= \dfrac{2R\sin A \cdot 2R\sin B \cdot 2R\sin C}{4R}$$
$$= 2R^2 \sin A \sin B \sin C$$

プラスワン 次のようにして(1), (2)のそれぞれを示すこともできる。

(1) $S = \dfrac{1}{2}ab\sin C = \dfrac{1}{2}ab \cdot \dfrac{c}{2R} = \dfrac{abc}{4R}$

$S = \dfrac{1}{2}ca\sin B = \dfrac{1}{2}ca \cdot \dfrac{b}{2R} = \dfrac{abc}{4R}$

(2)　$S = \dfrac{1}{2}bc\sin A = \dfrac{1}{2} \cdot 2R\sin B \cdot 2R\sin C \cdot \sin A$

　　　$= 2R^2 \sin A \sin B \sin C$

2

教科書
p.139

右の図のような四角形の2つの対角線の長さが a, b で，そのなす角が θ のとき，この四角形の面積 S は，

$$S = \dfrac{1}{2}ab\sin\theta$$

と表されることを示せ。

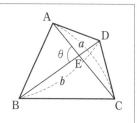

ガイド　四角形の面積 S は，4つの三角形の面積の和で，

　　　$S = \triangle EAB + \triangle EBC + \triangle ECD + \triangle EDA$

と表すことができる。

　　また，$\angle AEB = \angle CED = \theta$，$\angle BEC = \angle DEA = 180° - \theta$ より，

　　　$\sin\angle AEB = \sin\angle BEC = \sin\angle CED = \sin\angle DEA = \sin\theta$

である。

解答　$AE = x$，$CE = y$，$BE = u$，$DE = v$ とすると，

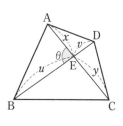

　　　$\triangle EAB = \dfrac{1}{2}ux\sin\theta$

　　　$\triangle EBC = \dfrac{1}{2}yu\sin(180° - \theta) = \dfrac{1}{2}yu\sin\theta$

　　　$\triangle ECD = \dfrac{1}{2}vy\sin\theta$

　　　$\triangle EDA = \dfrac{1}{2}xv\sin(180° - \theta) = \dfrac{1}{2}xv\sin\theta$

　ここで，$x + y = a$，$u + v = b$ であるから，

　　$S = \triangle EAB + \triangle EBC + \triangle ECD + \triangle EDA$

　　　$= \dfrac{1}{2}(ux + yu + vy + xv)\sin\theta$

　　　$= \dfrac{1}{2}\{u(x + y) + v(x + y)\}\sin\theta$

　　　$= \dfrac{1}{2}(x + y)(u + v)\sin\theta$

　　　$= \dfrac{1}{2}ab\sin\theta$

第4章　図形と計量

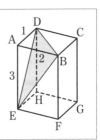

3 AB=2，AD=1，AE=3 である直方体 ABCD-EFGH がある。このとき，次のものを求めよ。

教科書 **p.139**

(1) cos∠BDE

(2) △BDE の面積 S

(3) 点Aから △BDE に下ろした垂線の長さ h

ガイド (1) BD，DE，EB の長さを求め，△BDE に余弦定理を用いる。

(2) (1)の結果を用いて，まず，sin∠BDE を求めてから，三角形の面積の公式を利用する。

(3) まず，四面体 ABDE の体積を求め，これが △BDE を底面とみたときの体積である $\frac{1}{3}×△BDE×h$ に等しいことを用いる。

解答 (1) △ABD，△ADE，△AEB において，それぞれ三平方の定理により，

$$BD=\sqrt{AB^2+AD^2}=\sqrt{2^2+1^2}=\sqrt{5}$$
$$DE=\sqrt{AD^2+AE^2}=\sqrt{1^2+3^2}=\sqrt{10}$$
$$EB=\sqrt{AE^2+AB^2}=\sqrt{3^2+2^2}=\sqrt{13}$$

△BDE において余弦定理により，

$$\cos∠BDE=\frac{5+10-13}{2\cdot\sqrt{5}\cdot\sqrt{10}}=\frac{2}{2\cdot\sqrt{5}\cdot\sqrt{10}}=\frac{\sqrt{2}}{10}$$

(2) $0°<∠BDE<180°$ より，sin∠BDE>0 であるから，

$$\sin∠BDE=\sqrt{1-\cos^2∠BDE}=\sqrt{1-\left(\frac{\sqrt{2}}{10}\right)^2}=\frac{7\sqrt{2}}{10}$$

よって，$S=\frac{1}{2}\cdot BD\cdot DE\cdot\sin∠BDE=\frac{1}{2}\cdot\sqrt{5}\cdot\sqrt{10}\cdot\frac{7\sqrt{2}}{10}=\frac{7}{2}$

(3) 四面体 ABDE の体積をVとする。

△ABD を底面とみることにより，

$$V=\frac{1}{3}×△ABD×AE=\frac{1}{3}×\left(\frac{1}{2}\cdot2\cdot1\right)×3=1$$

また，△BDE を底面とみることにより，

$$V=\frac{1}{3}×△BDE×h=\frac{1}{3}×\frac{7}{2}×h=\frac{7}{6}h$$

したがって，$1=\frac{7}{6}h$　よって，$h=\frac{6}{7}$

<table>
<tr><td>□ **4**
教科書
p.139</td><td>　2地点 A, B 間の距離を求めたいが, 間に障害物があって, 直接測ることができない。そこで, 地点 C をとって測量したところ, AC＝100 m, BC＝60 m, ∠ACB＝60° であった。A, B 間の距離を求めよ。</td><td>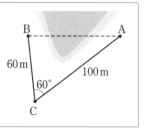</td></tr>
</table>

ガイド　2辺とその間の角が与えられ, 残りの辺の長さを求めるので, 余弦定理を利用する。

解答　右の図のように, BC＝a, AC＝b, AB＝c とおくと, 余弦定理により,

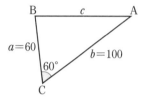

$$c^2 = a^2 + b^2 - 2ab\cos C$$
$$= 60^2 + 100^2 - 2 \cdot 60 \cdot 100 \cdot \cos 60°$$
$$= 3600 + 10000 - 12000 \times \frac{1}{2}$$
$$= 7600$$

$c > 0$ より, $c = \sqrt{7600} = 20\sqrt{19}$

よって, A, B 間の距離は, **$20\sqrt{19}$ m**

第4章 図形と計量

章末問題

━━━━━━━━━━ **A** ━━━━━━━━━━

☐ **1**

教科書
p.140

　右の図は，AB＝AC＝2，∠A＝30° の二等辺三角形である。

　この図を利用して，tan15° の値を求めよ。

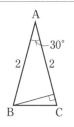

ガイド　点Bから辺 AC に引いた垂線を BH とすると，∠CBH＝15°である。BH，CH の長さを求める。

解答　点Bから辺 AC に引いた垂線を BH とすると，

$$\angle CBH = \angle ABC - \angle ABH$$
$$= (180° - 30°) \div 2 - (90° - 30°) = 15°$$

△ABH において，

$$BH = AB\sin 30° = 2 \cdot \frac{1}{2} = 1$$

$$AH = AB\cos 30° = 2 \cdot \frac{\sqrt{3}}{2} = \sqrt{3}$$

したがって，　$CH = 2 - \sqrt{3}$

よって，直角三角形 CBH において，

$$\tan 15° = \frac{CH}{BH} = \frac{2 - \sqrt{3}}{1} = 2 - \sqrt{3}$$

プラスワン　△ABC において，余弦定理により，

$$BC^2 = 2^2 + 2^2 - 2 \cdot 2 \cdot 2 \cdot \cos 30° = 8 - 4\sqrt{3}$$

$BC > 0$ より，$BC = \sqrt{8 - 4\sqrt{3}} = \sqrt{8 - 2\sqrt{12}} = \sqrt{6} - \sqrt{2}$　であるから，

$$\sin 15° = \frac{CH}{BC} = \frac{2 - \sqrt{3}}{\sqrt{6} - \sqrt{2}} = \frac{\sqrt{6} - \sqrt{2}}{4}$$

$$\cos 15° = \frac{BH}{BC} = \frac{1}{\sqrt{6} - \sqrt{2}} = \frac{\sqrt{6} + \sqrt{2}}{4}$$

辺 BC の長さは，△BCH に三平方の定理を用いて求めてもよい。

2
教科書
p.140
AD∥BC の台形 ABCD において，AB＝4，BC＝8，CD＝$2\sqrt{2}$，DA＝6 のとき，対角線 AC の長さを求めよ。

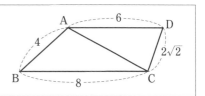

ガイド　∠ACB＝∠CAD すなわち，cos∠ACB＝cos∠CAD であること に着目し，AC＝x とおき，△ACB，△CAD で余弦定理を用いる。

解答　AD∥BC より，∠ACB＝∠CAD であるから，

cos∠ACB＝cos∠CAD　……①

AC＝x とおく。

△ACB において，余弦定理により，

$$\cos\angle ACB=\frac{x^2+8^2-4^2}{2\cdot x\cdot 8}=\frac{x^2+48}{16x} \quad ……②$$

△CAD において，余弦定理により，

$$\cos\angle CAD=\frac{x^2+6^2-(2\sqrt{2})^2}{2\cdot x\cdot 6}=\frac{x^2+28}{12x} \quad ……③$$

①，②，③ より，　$\dfrac{x^2+48}{16x}=\dfrac{x^2+28}{12x}$

$$3(x^2+48)=4(x^2+28) \quad x^2=32$$

$x>0$ より，　$x=4\sqrt{2}$

すなわち，　AC＝$4\sqrt{2}$

別解　点Aを通り，DC に平行な直線 を引き，BC との交点をEとする と，四角形 AECD は平行四辺形 なので，　AE＝$2\sqrt{2}$

また，　BE＝8－6＝2

△AEB において，余弦定理により，

$$\cos\angle AEB=\frac{(2\sqrt{2})^2+2^2-4^2}{2\cdot 2\sqrt{2}\cdot 2}=\frac{-4}{8\sqrt{2}}=-\frac{\sqrt{2}}{4} \quad であるから，$$

$$\cos\angle AEC=\cos(180°-\angle AEB)=-\cos\angle AEB=\frac{\sqrt{2}}{4}$$

△AEC において，余弦定理により，

$$AC^2=(2\sqrt{2})^2+6^2-2\cdot 2\sqrt{2}\cdot 6\cdot\cos\angle AEC=32$$

AC>0 より，　AC＝$4\sqrt{2}$

□ **3** 傾斜のない平地で，太郎さんと花子さんの2人がある建物の高さを調

教科書
p.140 べるために次のようなやりとりをした。

> 太郎：ある建物の1番高いところをPとし，その真下の地点をHと
>   しよう。求める高さはPHだね。
> 花子：今いる地点Aから6m離れた地点Bに移動するね。
>   （花子さんが地点Bへ移動する）
>   さあ，角度を測ってみようよ。私がいる地点Bで測ると，
>   ∠ABH＝105° だよ。
> 太郎：私がいる地点Aで測ると，∠BAH＝45° だよ。でも，これだ
>   けでは高さはわからないね。
> 花子：そうだね。それでは，点Pの仰角を測ってみよう。私がいる
>   地点Bで測ると，∠PBH＝60° だよ。

これをもとに，この建物の高さを求めよ。

ガイド まずは，状況を図にかいて整理してみる。そのうえで，目的のもの
を求めるには，どの長さ，または角度が求まればよいかを考える。

解答 会話文から，PH⊥地面，AB＝6 m，

∠ABH＝105°，　∠BAH＝45°，

∠PBH＝60°

この状況を図に表すと，右のようになる。

∠AHB＝180°−(45°＋105°)＝30° より，

△ABH において，正弦定理により，

$$\frac{BH}{\sin\angle BAH}=\frac{AB}{\sin\angle AHB},$$

$$\frac{BH}{\sin 45°}=\frac{6}{\sin 30°},\qquad BH=\left(6\div\frac{1}{2}\right)\times\frac{1}{\sqrt{2}}=6\sqrt{2}$$

∠PHB＝90° なので，△PBH において，$\dfrac{PH}{BH}=\tan 60°$ より，

$$\frac{PH}{6\sqrt{2}}=\sqrt{3},\qquad PH=\sqrt{3}\times 6\sqrt{2}=\mathbf{6\sqrt{6}}\ \textbf{(m)}$$

━━━━━━━━━━━━━━ B ━━━━━━━━━━━━━━

☑ **4**
教科書
p.141

△OAB の辺 AB 上に点 C をとり，

OA＝7，OB＝5，

∠AOC＝45°，∠BOC＝30°

とするとき，$\dfrac{AC}{BC}$ の値を求めよ。

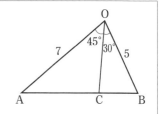

ガイド　△OAC と △OBC で，底辺をそれぞれ，AC，BC とみると，高さが
等しいので，2 つの三角形の面積の比は底辺の長さの比に等しい。

解答▶　△OAC と △OBC で，底辺をそれぞれ，AC，BC とみると，高さが
等しいから，

$$△OAC : △OBC = AC : BC$$

また，

$$△OAC = \frac{1}{2} \cdot OC \cdot 7 \cdot \sin 45° = \frac{7\sqrt{2}}{4} OC$$

$$△OBC = \frac{1}{2} \cdot OC \cdot 5 \cdot \sin 30° = \frac{5}{4} OC$$

よって，

$$\frac{AC}{BC} = \frac{△OAC}{△OBC} = \left(\frac{7\sqrt{2}}{4} OC \right) \div \left(\frac{5}{4} OC \right) = \frac{7\sqrt{2}}{5}$$

プラスワン　一般に，OA＝a，OB＝b の
△OAB について，辺 AB 上に点 C を，

AC＝m，BC＝n，

∠AOC＝α，∠BOC＝β

となるようにとるとき，

$$\frac{m}{n} = \frac{a \sin \alpha}{b \sin \beta}$$

が成り立つことが知られている。

とくに，OC が ∠AOB の二等分線のとき，
$\alpha = \beta$ より，$\sin \alpha = \sin \beta$ であるから，

$$\frac{m}{n} = \frac{a}{b}$$

となる。

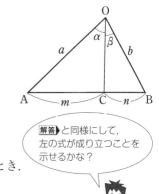

解答▶と同様にして，
左の式が成り立つことを
示せるかな？

第4章 図形と計量

5

教科書 **p.141**

△ABC が半径 $\dfrac{5\sqrt{5}}{2}$ の円に内接している。$a=5$，$\cos B=\dfrac{3}{5}$ とする

とき，次の問いに答えよ。

(1) $\sin A$，b，c を求めよ。

(2) △ABC の面積 S，△ABC の内接円の半径 r を求めよ。

ガイド (1) $\sin A$，b を求める際には正弦定理，c を求める際には余弦定理を用いる。

(2) 3辺の長さが a，b，c である三角形の面積を S，内接円の半径を r とすると，　$S=\dfrac{1}{2}(a+b+c)r$

解答 (1) △ABC の外接円の半径を R とすると，正弦定理により，

$$\frac{a}{\sin A}=2R \quad \text{よって，} \quad \sin A=\frac{a}{2R}=5\div\left(2\times\frac{5\sqrt{5}}{2}\right)=\frac{\sqrt{5}}{5}$$

$0°<B<180°$ より，$\sin B>0$ であるから，

$$\sin B=\sqrt{1-\left(\frac{3}{5}\right)^2}=\frac{4}{5}$$

正弦定理により，　$\dfrac{b}{\sin B}=2R$

よって，　$b=2R\sin B=2\times\dfrac{5\sqrt{5}}{2}\times\dfrac{4}{5}=4\sqrt{5}$

また，余弦定理により，

$$b^2=c^2+a^2-2ca\cos B$$

$$(4\sqrt{5})^2=c^2+5^2-2\cdot c\cdot5\cdot\frac{3}{5}$$

これを整理すると，　$c^2-6c-55=0$　　$(c+5)(c-11)=0$

$c>0$ より，　$c=11$

(2) $S=\dfrac{1}{2}ca\sin B=\dfrac{1}{2}\cdot11\cdot5\cdot\dfrac{4}{5}=22$

また，$S=\dfrac{1}{2}(a+b+c)r$ より，　$22=\dfrac{1}{2}(5+4\sqrt{5}+11)r$

よって，　$r=\dfrac{44}{16+4\sqrt{5}}=\dfrac{11}{4+\sqrt{5}}$

$$=\frac{11(4-\sqrt{5})}{(4+\sqrt{5})(4-\sqrt{5})}=4-\sqrt{5}$$

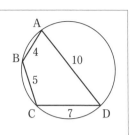

□ **6**
教科書
p.141

円に内接する四角形 ABCD がある。
　　AB＝4，BC＝5，CD＝7，DA＝10
のとき，次のものを求めよ。
(1) 対角線 AC の長さ
(2) 円の半径
(3) 四角形 ABCD の面積

ガイド (1) $\angle ABC = \theta$ とおくと，$\angle ADC = 180° - \theta$ となる。△ABC，
　　　△ACD にそれぞれ余弦定理を用いて，AC^2 を 2 通りに表す。

解答 (1) $\angle ABC = \theta$ とおく。

四角形 ABCD は円に内接するから，
　　$\angle ADC = 180° - \theta$
△ABC において，余弦定理により，
　　$AC^2 = 4^2 + 5^2 - 2 \cdot 4 \cdot 5 \cdot \cos\theta$
　　　　$= 41 - 40\cos\theta$ ……①
△ACD において，余弦定理により
　　$AC^2 = 7^2 + 10^2 - 2 \cdot 7 \cdot 10 \cdot \cos(180° - \theta)$
　　　　$= 149 + 140\cos\theta$ ……②
①，②より，　$41 - 40\cos\theta = 149 + 140\cos\theta$

よって，　$\cos\angle ABC = \cos\theta = -\dfrac{3}{5}$

このとき，①より，　$AC^2 = 41 - 40 \cdot \left(-\dfrac{3}{5}\right) = 65$

$AC > 0$ であるから，　**$AC = \sqrt{65}$**

(2) $0° < \theta < 180°$ より，$\sin\theta > 0$ であるから，

$$\sin\theta = \sqrt{1 - \left(-\dfrac{3}{5}\right)^2} = \dfrac{4}{5}$$

円の半径を R とすると，△ABC において，正弦定理により，

$2R = \dfrac{AC}{\sin\theta}$　よって，　$R = \dfrac{AC}{2\sin\theta} = \sqrt{65} \div \left(2 \times \dfrac{4}{5}\right) = \dfrac{5\sqrt{65}}{8}$

(3) 四角形 ABCD の面積を S とすると，

　　$S = \triangle ABC + \triangle ACD$

　　　$= \dfrac{1}{2} \cdot 4 \cdot 5 \cdot \sin\theta + \dfrac{1}{2} \cdot 7 \cdot 10 \cdot \sin(180° - \theta)$

　　　$= 10\sin\theta + 35\sin\theta = 45\sin\theta = 45 \cdot \dfrac{4}{5} = 36$

第4章　図形と計量

7
教科書
p.141
三角錐 OABC において，∠AOB＝∠AOC＝90°，
∠BOC＝30°，∠ABO＝60°，∠ACO＝45°，
BC＝10 のとき，次のものを求めよ。

(1) OA の長さ

(2) △OBC の面積

(3) △ABC の面積

(4) 点Oから △ABC に下ろした垂線の長さ

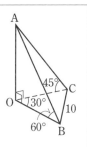

ガイド (1) OA＝x とおき，OB，OC を x で表し，△OBC で余弦定理を使う。

(2) (1)から OB，OC を求め，三角形の面積の公式を使う。

(3) まず，AB，AC を求める。次に，∠BAC＝θ とおき，余弦定理により $\cos\theta$ を求め，さらに $\sin\theta$ を求める。

(4) 三角錐 OABC の体積を2通りに表して考える。

解答 (1) OA＝x とおくと，　　　OB＝$\dfrac{x}{\sqrt{3}}$，OC＝x

△OBC において，余弦定理により，

$$10^2＝\left(\dfrac{x}{\sqrt{3}}\right)^2+x^2-2\cdot\dfrac{x}{\sqrt{3}}\cdot x\cdot\cos 30° \qquad x^2＝300$$

$x>0$ より，　$x＝10\sqrt{3}$　　　よって，　　OA＝**$10\sqrt{3}$**

(2) OB＝10，OC＝$10\sqrt{3}$ であるから，

$$\triangle\text{OBC}＝\dfrac{1}{2}\cdot 10\cdot 10\sqrt{3}\cdot\sin 30°＝\mathbf{25\sqrt{3}}$$

(3) AB＝2OB＝20，　　AC＝$\sqrt{2}$ OA＝$10\sqrt{6}$

∠BAC＝θ とおくと，△ABC において，余弦定理により，

$$\cos\theta＝\dfrac{20^2+(10\sqrt{6})^2-10^2}{2\cdot 20\cdot 10\sqrt{6}}＝\dfrac{3\sqrt{6}}{8}$$

$0°<\theta<180°$ より，$\sin\theta>0$ であるから，

$$\sin\theta＝\sqrt{1-\left(\dfrac{3\sqrt{6}}{8}\right)^2}＝\dfrac{\sqrt{10}}{8}$$

よって，　　$\triangle\text{ABC}＝\dfrac{1}{2}\cdot 20\cdot 10\sqrt{6}\cdot\dfrac{\sqrt{10}}{8}＝\mathbf{25\sqrt{15}}$

(4) 求める垂線の長さを h とすると，三角錐 OABC の体積について，　　$\dfrac{1}{3}\cdot 25\sqrt{3}\cdot 10\sqrt{3}＝\dfrac{1}{3}\cdot 25\sqrt{15}\cdot h$　　　$h＝2\sqrt{15}$

よって，求める垂線の長さは **$2\sqrt{15}$**

第5章　データの分析

第1節　データの整理と分析

1　度数分布表とヒストグラム　　2　データの代表値

問 1
教科書
p.145

右の度数分布表は，2019 年 9 月の東京の日ごとの最高気温をまとめたものである。この度数分布表から，平均値と最頻値を求めよ。

階級 (°C)	階級値 (°C)	度数 (日)	累積度数	相対度数	累積相対度数
22〜24 以上 未満	23.0	1	1	0.03	0.03
24〜26	25.0	4	5	0.13	0.16
26〜28	27.0	5	10	0.17	0.33
28〜30	29.0	8	18	0.27	0.60
30〜32	31.0	5	23	0.17	0.77
32〜34	33.0	5	28	0.17	0.94
34〜36	35.0	1	29	0.03	0.97
36〜38	37.0	1	30	0.03	1.00
計		30		1.00	

ガイド　度数分布表の各階級について，両端の平均値を**階級値**，各階級に含まれるデータの値の個数を**度数**という。度数分布表では，各階級値とその度数を掛け合わせ，それらの総和を度数の合計で割った値を平均値とする。また，度数の最も大きい階級の階級値を最頻値とする。

解答　**平均値**は，

$$\bar{x}=\frac{1}{30}(23.0 \cdot 1+25.0 \cdot 4+27.0 \cdot 5+29.0 \cdot 8+31.0 \cdot 5+33.0 \cdot 5$$
$$+35.0 \cdot 1+37.0 \cdot 1)$$

$$=\frac{1}{30} \cdot 882.0=\mathbf{29.4}\,(\mathbf{°C})$$

また，**最頻値**は，度数の最も大きい階級の階級値であるから，**29.0**(°C)

注意　変量 x の平均値を $\bar{x}$ で表す。

3 データの散らばりと四分位数

問 2
教科書
p.147
次のデータは，高校野球の大会の年ごとのホームラン数をまとめたものである。5数要約を求め，その箱ひげ図をかけ。また，外れ値があれば，指摘せよ。

> 21，38，29，43，13，33，32，60，24
> 35，26，27，56，37，36，32，37，68　　（単位：本）

ガイド　データを小さい方から順に並べたとき，データ全体を4等分する位置を示す3つの値を**四分位数**という。四分位数は，小さい方から順に，**第1四分位数**，**第2四分位数**（中央値），**第3四分位数**といい，Q_1，Q_2，Q_3と表す。3つの四分位数と，最小値，最大値の5つの数値を**5数要約**という。

5数要約は，次のような箱ひげ図によって，1つの図に表せる。

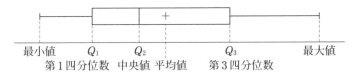

最小値　　Q_1　　　Q_2　　　　　　Q_3　　　最大値
　　　　第1四分位数　中央値　平均値　　第3四分位数

箱ひげ図に平均値を記入するときは，上の図のように＋記号でかく。

また，データの最大値と最小値の差を<u>データの**範囲**（**レンジ**），Q_3とQ_1の差を四分位範囲</u>といい，データの散らばり具合を計る数値として用いられる。他の値から極端にかけ離れたデータがある場合，そのような値を**外れ値**と呼ぶ。

> 範囲＝（最大値）−（最小値）
> 四分位範囲＝$Q_3 - Q_1$

> ┄┄┄┄外れ値の判定基準┄┄┄┄
> 外れ値 $\geq Q_3 + 1.5 \times (Q_3 - Q_1)$
> 外れ値 $\leq Q_1 - 1.5 \times (Q_3 - Q_1)$

外れ値の目安は，Q_1から小さい方（またはQ_3から大きい方）へ四分位範囲の1.5倍以上離れていることである。

本問では，まず，データを小さい順に並べかえて5数要約を求め，外れ値の有無については，上に示した「外れ値の判定基準」に従って判断をすればよい。また，箱ひげ図をかくときは，外れ値は点で記入し，外れ値を除いたデータの中で最大の値（最小の値）をひげの右端（左端）にとるようにしてかく。

解答　このデータを小さい順に並べかえると，次のようになる。

```
最小値            第1四分位数              中央値
↓                ↓                     ↓
13, 21, 24, 26, 27, 29, 32, 32, 33    第3四分位数              最大値
                                      ↓                     ↓
                35, 36, 37, 37, 38, 43, 56, 60, 68
```

したがって,

最小値 13，$Q_1=27$，**中央値 34**，$Q_3=38$，**最大値 68**

また，$(Q_3-Q_1)\times1.5=(38-27)\times1.5=16.5$ より，

$27-16.5=10.5$，$38+16.5=54.5$ であり，10.5 以下の値は存在しないが，54.5 以上の値である **56，60，68 は外れ値**と考えられる。

このとき，箱ひげ図は次のようになる。

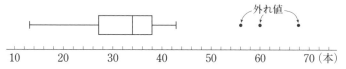

!注意　測定ミス，入力ミスなど，原因がわかっているものは，**異常値**と呼び，外れ値とは区別することもある。

4　分散と標準偏差

教科書 p.149

■問 3　次のデータは，生徒 5 人に数学のテスト (100 点満点) を行ったときの得点を名簿順に並べたものである。分散と標準偏差を求めよ。

> 60，90，80，40，80　　（単位：点）

ガイド

ここがポイント ☞ [分散と標準偏差]

分散　　　$s^2=\dfrac{1}{n}\{(x_1-\overline{x})^2+(x_2-\overline{x})^2+\cdots\cdots+(x_n-\overline{x})^2\}$

標準偏差　$s=\sqrt{\dfrac{1}{n}\{(x_1-\overline{x})^2+(x_2-\overline{x})^2+\cdots\cdots+(x_n-\overline{x})^2\}}$

変量 x のデータの値 x_1，x_2，$\cdots\cdots$，x_n とその平均値 $\overline{x}$ との差

$$x_1-\overline{x}，\ x_2-\overline{x}，\ \cdots\cdots，\ x_n-\overline{x}$$

を**偏差**という。

偏差の 2 乗の平均値を**分散**といい，s^2 で表す。

変量 x の測定単位と同じ単位をもつ指標として，$\sqrt{s^2}$ (s^2 の正の平方根) を考え，この値を**標準偏差**といい，s で表す。

第5章　データの分析

解答 平均値を計算すると，

$$\frac{1}{5}(60+90+80+40+80)=\frac{1}{5}\cdot 350=70\,(\text{点})\ \text{となる。}$$

よって，**分散**は，

$$s^2=\frac{1}{5}\{(60-70)^2+(90-70)^2+(80-70)^2+(40-70)^2+(80-70)^2\}$$

$$=\frac{1}{5}(10^2+20^2+10^2+30^2+10^2)$$

$$=\frac{1}{5}\cdot 10^2(1^2+2^2+1^2+3^2+1^2)=\frac{1}{5}\cdot 100\cdot 16=\mathbf{320}$$

標準偏差は，　$\sqrt{320}=8\sqrt{5}\ \text{(点)}$

問 4 次の関係式を用いて，**問 3** の分散を求めよ。

教科書 **p.149**

> 変量 x^2 のデータ $x_1{}^2,\ x_2{}^2,\ \cdots\cdots,\ x_n{}^2$ の平均値を $\overline{x^2}$ と表すと，
> $$s^2=\overline{x^2}-(\overline{x})^2=(x^2\text{の平均値})-(x\text{の平均値})^2$$

ガイド まず，データの2乗の平均値を求める。

解答 $\dfrac{1}{5}(60^2+90^2+80^2+40^2+80^2)=\dfrac{1}{5}\cdot 10^2(6^2+9^2+8^2+4^2+8^2)$

$$=20\cdot 261=5220$$

したがって，　$s^2=5220-70^2=\mathbf{320}$

問 5 日本のある都市の最低気温の平均値が 10 ℃，分散が 5 であった。この

教科書 **p.151** 都市と交流のある外国の都市の最低気温の平均値は 40 °F，分散が 15 であるとき，平均値，分散を華氏にそろえて比較せよ。

ガイド 2つの変量 x と y の間に，$y=ax+b$ （a，b は定数）という関係があるとき，次のことが成り立つ。

> **ここがポイント** 👉
>
> 変量 x，y の平均値を $\overline{x}$，$\overline{y}$，分散を $s_x{}^2$，$s_y{}^2$，標準偏差を s_x，s_y とすると，
> 平均値　$\overline{y}=a\overline{x}+b$　　　分散　$s_y{}^2=a^2 s_x{}^2$
> 標準偏差　$s_y=|a|s_x$

　　　　日本の都市の気温 (摂氏) の平均値や分散を，華氏に変換して比較する。

解答▶ 摂氏 $x°C$ と華氏 $y°F$ の関係は，$y=1.8x+32$ であるから，

平均値は，　1.8×10＋32＝18＋32＝50（°F）

分散は，　(1.8)²×5＝3.24×5＝16.2

よって，比較すると，50－40＝10（°F）

　　　　　　　　　　　　16.2－15＝1.2

したがって，**平均値は日本のある都市が 10°F 高く，分散は日本のある都市が 1.2 大きい。**。

> 変量 x を $y=ax+b$ と変換するとき，分散は a 倍ではなく，a^2 倍になることに注意しよう。

5　データの相関と散布図

◢問 6 次のデータは，生徒 10 人の 50 m 走のタイム x (秒) と走り幅跳びの記
教科書
p.152 録 y (cm) を並べたものである。x を横軸に，y を縦軸にとって，散布図をかき，2 つの変量の間に相関があるかどうかを調べよ。

x (秒)	6.9	7.0	7.2	7.5	7.1	7.4	7.7	7.9	6.8	7.4
y (cm)	470	398	427	400	413	415	398	380	460	404

ガイド 横軸，縦軸にそれぞれ適当に目盛りをとり，2 つの変量 x と y の値の組 $(6.9, 470)$，$(7.0, 398)$，……，$(7.4, 404)$ を表す点を記入し，散布図をかく。

　　2 つの変量の間の関係は，記入した点の散らばり具合で調べる。

　(I)　一方が増加すると，他方も増加する傾向があるとき，2 つの変量の間に**正の相関がある**という。

　(II)　一方が増加すると，他方が減少する傾向があるとき，2 つの変量の間に**負の相関がある**という。

　(III)　どちらの傾向もみられないときは，2 つの変量の間に**相関がない**という。

解答 （例）

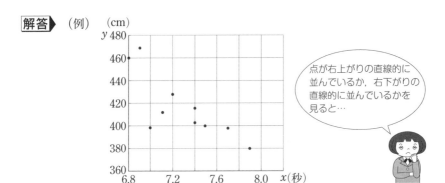

この図から，50 m 走のタイムが長くなると，走り幅跳びの記録が低くなる傾向にあることがわかる。

したがって，2つの変量の間には，**負の相関がある**といえる。

⚠注意　数値的にみると，「負の相関」ということになるが，これは，50 m 走のタイムが短くなると，走り幅跳びの記録が高くなる傾向にあることを示しており，身体能力の高さに対応していることがわかる。

プラスワン　散布図の点が直線状に集まるほど**相関が強い**といい，直線状ではなく広く散らばるほど**相関が弱い**という。

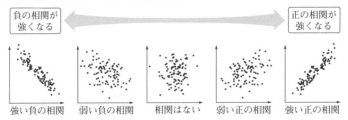

6　相関係数　　7　相関と因果関係

問 7

教科書
p.155

次の表は，5人の生徒について，数学の学習時間 x（時間）と数学のテストの得点 y（点）を名簿順に並べたものである。変量 x と変量 y の相関係数を求めよ。

x（時間）	5	9	6	3	7
y（点）	60	90	80	40	80

ガイド

ここがポイント 👉

[共分散]

$$s_{xy} = \frac{1}{n}\{(x_1 - \bar{x})(y_1 - \bar{y}) + (x_2 - \bar{x})(y_2 - \bar{y}) + \cdots\cdots + (x_n - \bar{x})(y_n - \bar{y})\}$$

[相関係数]

$$r = \frac{s_{xy}}{s_x s_y}$$

$$= \frac{\frac{1}{n}\{(x_1 - \bar{x})(y_1 - \bar{y}) + (x_2 - \bar{x})(y_2 - \bar{y}) + \cdots + (x_n - \bar{x})(y_n - \bar{y})\}}{\sqrt{\frac{1}{n}\{(x_1 - \bar{x})^2 + (x_2 - \bar{x})^2 + \cdots + (x_n - \bar{x})^2\}} \sqrt{\frac{1}{n}\{(y_1 - \bar{y})^2 + (y_2 - \bar{y})^2 + \cdots + (y_n - \bar{y})^2\}}}$$

　変量 x と変量 y の偏差の積の平均値を，x と y の**共分散**といい，s_{xy} で表す。また，s_x, s_y はそれぞれ x, y の標準偏差を表している。

　r を変量 x と変量 y の**相関係数**という。相関係数 r の値は，$-1 \leqq r \leqq 1$ であることが知られている。

$$相関係数 = \frac{(x と y の共分散)}{(x の標準偏差) \times (y の標準偏差)}$$

　実際に相関係数を計算する際には，次の**解答**に示すように，表にまとめるとわかりやすい。

解答　5人の生徒を A，B，C，D，E とし，次のような表に整理する。

	x	y	$x - \bar{x}$	$y - \bar{y}$	$(x - \bar{x})^2$	$(y - \bar{y})^2$	$(x - \bar{x})(y - \bar{y})$
A	5	60	-1	-10	1	100	10
B	9	90	3	20	9	400	60
C	6	80	0	10	0	100	0
D	3	40	-3	-30	9	900	90
E	7	80	1	10	1	100	10
合計	30	350	0	0	20	1600	170
平均	6	70	0	0	4	320	34

÷5

↑ $\bar{x}$　↑ $\bar{y}$　　　　↑ $s_x{}^2$　↑ $s_y{}^2$　↑ s_{xy}

　　この表から，　$r = \dfrac{s_{xy}}{s_x s_y} = \dfrac{34}{\sqrt{4}\sqrt{320}} ≒ \mathbf{0.95}$

| プラスワン |　相関係数 r の値は，変量 x や y のそれぞれの値を何倍かしたり，定数を加えたりしても，その値は変わらない。

第 5 章　データの分析

|プラスワン|　相関係数は，相関の強さを測る指標である。一般に，相関係数 r の値と相関について，次のようなことがいえる。
　　　(Ⅰ)　r の値が1に近いほど，2つの変量 x と y の正の相関が強い。
　　　(Ⅱ)　r の値が -1 に近いほど，2つの変量 x と y の負の相関が強い。
　　　(Ⅲ)　r の値が0に近いほど，2つの変量 x と y の相関が弱い。

|問| 8　2つの変量 x と y の値の組 $(x_1,\ y_1),\ (x_2,\ y_2),\ \cdots,\ (x_n,\ y_n)$ について，
教科書
p.156　次の2つの方法(a), (b)で散布図を作成した。このとき，どちらの散布図の方が相関係数は大きいか，あるいは同じになるかを答えよ。
　　　(a)　横軸に変量 x の値，縦軸に変量 y の値をとった散布図
　　　(b)　横軸に変量 y の値，縦軸に変量 x の値をとった散布図

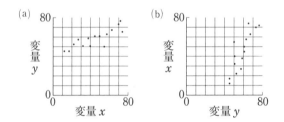

- -

ガイド　相関係数はどのようにして求めるのかという定義に立ち戻って考えてみる。

|解答|　変量 x, y の相関係数を r，標準偏差を s_x, s_y，共分散を s_{xy} とすると，$r = \dfrac{s_{xy}}{s_x s_y}$ であり，s_x, s_y, s_{xy} の値は一定であるから，**(a), (b)どちらの散布図の場合でも，値は同じになる。**

|⚠注意|　同じ1つのデータからも，軸のとり方，目盛りの打ち方などによって異なる散布図が対応することがあるが，データそのものが同じである限り，散布図のかき方によって相関係数が変化することは，そもそも有り得ない。

|プラスワン|　2つの変量の間に強い相関がみられるときには，一方が原因で，もう一方が結果であるというように，その2つの変量の間に因果関係があると考えがちである。相関は因果関係の有無を調べる際の根拠の1つとなるが，相関があるからといって必ずしも因果関係があるとはいえない。

一般に，AとBに相関がみられるとき，AとBの関係については次のような場合などが考えられる。

① 因果関係　A→B　　② 逆の因果関係　A←B

③ 共通の要因　C⤳A,B　　④ 複数の要因　A,C→B

8 仮説検定の考え方

問 9 頭痛を治す新薬が有効であるか確かめることになった。そこで，頭痛になった20人に対して，新薬を処方するグループと，偽薬（頭痛薬でない食品）を処方するグループへ無作為に分け，頭痛が1時間以内に治ったかどうかを調査したところ次の表のようになった。

	頭痛が治った（人）	頭痛が治らなかった（人）	計
新薬	9	1	10
偽薬	3	7	10
計	12	8	20

「頭痛が治る可能性について新薬も偽薬も差がない」という帰無仮説を次の手順(i)(ii)で検定する。

(i) 調査に先立ち，次の判断基準を設定しておく。

「新薬を処方された人の中で頭痛が治った人の割合を x%，偽薬を処方された人の中で頭痛が治った人の割合を y% として，$x-y \geqq 50$ ならば，帰無仮説を棄却する」

(ii) 調査結果から，新薬が処方された人の中で頭痛が治った人の割合と，偽薬を処方された人の中で頭痛が治った人の割合を百分率で求める。

(i)で定めた判断基準に基づき，新薬が有効であるか否かを判断せよ。

ガイド ある仮説を立て，その仮説が正しいか否かを実験や調査に基づき判断する統計的手法を**仮説検定**という。

仮説検定では，はじめに，棄却されることが予想される仮説を立てる。このような仮説を**帰無仮説**という。

　次に，実験や調査によって得られたデータが，帰無仮説のもとで起こる可能性を評価する。もしその可能性が非常に小さいと考えるならば，仮説は誤りであると判断し，帰無仮説を棄却する。その可能性が非常に小さいとまでは言えない場合は，仮説は誤りであるとは結論できないと考え，判断を保留する。

　本問の場合は，まず，(ii)に従って x，y の値を求め，(i)で示されている帰無仮説を棄却する基準である $x-y \geqq 50$ を満たすかどうかを調べればよい。

解答 $x = \dfrac{9}{10} \times 100 = 90$，$y = \dfrac{3}{10} \times 100 = 30$ より，

$x - y = 90 - 30 = 60 \geqq 50$ であるから，(i)の判断基準により，

「頭痛が治る可能性について新薬も偽薬も差がない」という帰無仮説は棄却される。

したがって，**新薬は有効であると判断できる**。

⚠注意 仮説検定で用いる論法は第3章で学んだ背理法に似ているが，論理的な矛盾を導いて仮定を否定するのではなく，統計的にあり得ない実験データが得られたことを根拠に仮定を否定する点に特徴がある。

節末問題 ｜ 第1節　データの整理と分析

☑ **1**
教科書
p.161

数学の小テスト (10 点満点) において，6 人の生徒の得点が

$$7, \quad a, \quad 6, \quad 9, \quad 8-a, \quad 6$$

で，分散が 3 であった。このとき，平均値と a の値を求めよ。

ガイド まず，平均値を求める。次に，(分散)＝(2 乗の平均値)−(平均値)^2 の式を用いて，a についての 2 次方程式を作る。

解答 平均値は，

$$\frac{1}{6}\{7+a+6+9+(8-a)+6\}=\frac{36}{6}=6\ (\text{点})$$

分散が 3 であるから，

$$\frac{1}{6}\{7^2+a^2+6^2+9^2+(8-a)^2+6^2\}-6^2=3$$

これより，

$$2a^2-16a+50=18$$

整理すると，

$$2a^2-16a+32=0$$
$$a^2-8a+16=0$$
$$(a-4)^2=0$$

よって，　　　$a=4$

ここで，$0\leqq a\leqq10$, $0\leqq8-a\leqq10$ より，　　　$0\leqq a\leqq8$

$a=4$ は，これを満たす。

⚠注意 得点 x の値の範囲は，$0\leqq x\leqq10$ であるから，a, $8-a$ がこの条件を満たすかどうかも確認する。

別解 a についての 2 次方程式を作る際には，分散の定義式 (偏差の 2 乗の平均値) を用いて，

$$\frac{1}{6}[(7-6)^2+(a-6)^2+(6-6)^2+(9-6)^2+\{(8-a)-6\}^2+(6-6)^2]=3$$

から，　　$1^2+(a-6)^2+0^2+3^2+(2-a)^2+0^2=18$

として，$2a^2-16a+32=0$ を導いてもよい。

2 　2つの変量 x と y について，

　　　　　変量 x の平均値が7，分散が4
　　　　　変量 y の平均値が6，分散が3
　　　　　変量 x と変量 y の共分散が2

であるとき，次の問いに答えよ。

(1)　変量 x と変量 y の相関係数を求めよ。

(2)　次のそれぞれの場合について，変量 x と変量 y の平均値，分散，共分散および相関係数を求めよ。

(ア)　変量 x と変量 y の各データの値に2を加える。

(イ)　変量 x と変量 y の各データの値を2倍する。

ガイド (1)　相関係数は，　　$r = \dfrac{s_{xy}}{s_x s_y}$

(2)　変量 x を $z = ax + b$（a，b は定数）と変換するとき，
$\overline{z} = a\overline{x} + b$，$s_z^2 = a^2 s_x^2$，$s_z = |a| s_x$ となることを用いる。

解答 (1)　変量 x と変量 y の相関係数は，$s_x = 2$，$s_y = \sqrt{3}$，$s_{xy} = 2$ より，

$$\frac{s_{xy}}{s_x s_y} = \frac{2}{2 \cdot \sqrt{3}} = \frac{\sqrt{3}}{3}$$

(2)　変量 x，y の n 個のデータの組を (x_1, y_1)，(x_2, y_2)，……，(x_n, y_n) とする。

(ア)　変量 x，y の各データの値に2を加えた変量をそれぞれ $z = x + 2$，$u = y + 2$ とすると，

　　平均値は，　　$\overline{z} = \overline{x} + 2 = 7 + 2 = 9$，
　　　　　　　　　　$\overline{u} = \overline{y} + 2 = 6 + 2 = 8$

　　分散は，　　$s_z^2 = s_x^2 = 4$，$s_u^2 = s_y^2 = 3$

　　また，各 z_i および u_i（$i = 1$，2，……，n）に対し，

$$z_i - \overline{z} = x_i + 2 - (\overline{x} + 2) = x_i - \overline{x},$$
$$u_i - \overline{u} = y_i + 2 - (\overline{y} + 2) = y_i - \overline{y}$$

　　であるから，　$(z_i - \overline{z})(u_i - \overline{u}) = (x_i - \overline{x})(y_i - \overline{y})$

　　よって，**共分散**は，

$$s_{zu} = \frac{1}{n}\{(z_1 - \overline{z})(u_1 - \overline{u}) + (z_2 - \overline{z})(u_2 - \overline{u})$$
$$+ \cdots\cdots + (z_n - \overline{z})(u_n - \overline{u})\}$$

$$=\frac{1}{n}\{(x_1-\overline{x})(y_1-\overline{y})+(x_2-\overline{x})(y_2-\overline{y})$$
$$+\cdots\cdots+(x_n-\overline{x})(y_n-\overline{y})\}$$
$$=s_{xy}=2$$

これと，$s_z=s_x=2$, $s_u=s_y=\sqrt{3}$ より，

相関係数は，$\dfrac{s_{zu}}{s_zs_u}=\dfrac{2}{2\cdot\sqrt{3}}=\dfrac{\sqrt{3}}{3}$

(イ)　変量 x, y の各データの値を2倍した変量をそれぞれ $v=2x$, $w=2y$ とすると，

平均値は，　$\overline{v}=2\overline{x}=2\cdot7=14$
$$\overline{w}=2\overline{y}=2\cdot6=12$$

分散は，　$s_v{}^2=2^2\cdot s_x{}^2=4\cdot4=16$
$$s_w{}^2=2^2\cdot s_y{}^2=4\cdot3=12$$

また，各 v_i および w_i ($i=1, 2, \cdots\cdots, n$) に対し，
$$v_i-\overline{v}=2x_i-2\overline{x}=2(x_i-\overline{x}),$$
$$w_i-\overline{w}=2y_i-2\overline{y}=2(y_i-\overline{y})$$
であるから，$(v_i-\overline{v})(w_i-\overline{w})=4(x_i-\overline{x})(y_i-\overline{y})$

よって，**共分散**は，

$$s_{vw}=\frac{1}{n}\{(v_1-\overline{v})(w_1-\overline{w})+(v_2-\overline{v})(w_2-\overline{w})$$
$$+\cdots\cdots+(v_n-\overline{v})(w_n-\overline{w})\}$$
$$=\frac{1}{n}\{4(x_1-\overline{x})(y_1-\overline{y})+4(x_2-\overline{x})(y_2-\overline{y})$$
$$+\cdots\cdots+4(x_n-\overline{x})(y_n-\overline{y})\}$$
$$=4\cdot\frac{1}{n}\{(x_1-\overline{x})(y_1-\overline{y})+(x_2-\overline{x})(y_2-\overline{y})$$
$$+\cdots\cdots+(x_n-\overline{x})(y_n-\overline{y})\}$$
$$=4s_{xy}=4\cdot2=8$$

これと，　$s_v=2s_x=2\cdot2=4$,
$$s_w=2s_y=2\sqrt{3}$$
であることから，**相関係数**は，

$$\frac{s_{vw}}{s_vs_w}=\frac{8}{4\cdot2\sqrt{3}}=\frac{\sqrt{3}}{3}$$

第5章 データの分析

☐ **3**

教科書
p.161

2つの変量 x と y を20回測定した結果を用いて変量 x と変量 y の平均値，中央値，相関係数を調べたところ，右の表のようになった。このとき，x, y の散布図は，次の①〜③のうちどれかを答えよ。

	x	y
平均値	46.8	50.7
中央値	50.5	52.5
相関係数	0.5	

①
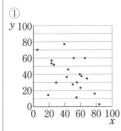

②
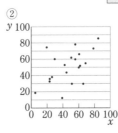

③
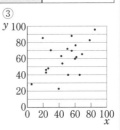

ガイド　消去法で候補をしぼりこむとよい。相関係数が正であることから，散布図の分布の様子がイメージできる。あとは，中央値から，最終的に判断する。

解答　変量 x, y の相関係数が0.5であるから，正の相関関係がある。

よって，②か③のどちらかである。

次に，x の中央値が50.5，y の中央値が52.5であることから，$x=50.5$, $y=52.5$ を図にかき入れてみると，③ではなく②であることがわかる。

よって，x, y の散布図は，**②**である。

②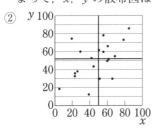

③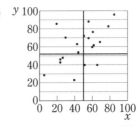

x, y の中央値に対応する直線をかき入れて2つの図を比べてみよう。

章末問題

A

☑ **1**
教科書
p.166

　右の表は，ある学校の1年生に対して数学のテスト（100点満点）を行ったときの得点をまとめたものである。

(1) 四分位範囲と範囲を求めよ。

(2) この表から読み取れることとして，次の①～③の記述から正しいものをすべて選べ。

① 1年生の約半数が，50点以上80点未満の区間にいる。

② このテストの平均値は，60点より小さい。

③ 1年生の約75%が，50点以上にいる。

最小値	40
第1四分位数	50
中央値	60
第3四分位数	80
最大値	100

ガイド (1) 範囲＝(最大値)－(最小値)
　　　　四分位範囲＝(第3四分位数)－(第1四分位数)

(2) ①，③については，四分位数の意味（データ全体をほぼ4等分する位置にある値であること）から考える。

解答▶ (1) **四分位範囲**は，80－50＝**30（点）**
　　　　範囲は，100－40＝**60（点）**

(2) ① 四分位数はデータ全体をほぼ4等分する位置にある値，すなわち，データ全体をほぼ25%ずつに分ける値である。
　　　よって，第1四分位数が50点，第3四分位数が80点なので，50点以上80点未満の生徒はほぼ全体の (25×2＝) 50%である。
　　　　よって，正しい。

② 5数要約からは，平均値に関する情報を読み取ることはできない。
　　　　よって，正しくない。

③ ①と同様に考えると，50点以上の生徒はほぼ全体の (100－25＝) 75%である。
　　　　よって，正しい。

以上により，正しいものは①，③である。

2

教科書
p.166

　次の2つの箱ひげ図は，ある高校の1年生と3年生が，ある週の月曜日から金曜日までに行った家庭学習の時間の分布を表している。

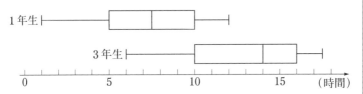

(1)　それぞれのデータについて，中央値を求めよ。

(2)　それぞれのデータについて，範囲と四分位範囲を求めよ。

(3)　次の(a)～(d)について，正しいものを選べ。

　(a)　1年生で，最も学習時間が長い人は12時間である。

　(b)　3年生で，学習時間が10時間から14時間までの区間にいる人数は，14時間から16時間までの区間にいる人数の2倍である。

　(c)　学年全体の人数に対して，学習時間が10時間から14時間までの区間にいる人数の割合は，3年生の方が1年生よりも約2倍多い。

　(d)　3年生の50％以上は，すべての1年生よりも学習時間が長い。

ガイド　(1)，(2)　箱ひげ図から5数要約の各数値を読み取る。

　　　　(3)　四分位数で分けられた各区間には，データのほぼ25％が含まれることをふまえて考えるとよい。

解答　(1)　箱ひげ図で，箱の内側の線に対応する値が中央値であるから，
1年生は7.5時間，3年生は14時間である。

(2)　1年生のデータについて，
　　　　最小値1，第1四分位数5，第3四分位数10，最大値12
　　　よって，　　**1年生の範囲　12−1＝11（時間）**
　　　　　　　　　1年生の四分位範囲　10−5＝5（時間）
　　　また，3年生のデータについて，
　　　　最小値6，第1四分位数10，第3四分位数16，最大値17.5
　　　よって，　　**3年生の範囲　17.5−6＝11.5（時間）**
　　　　　　　　　3年生の四分位範囲　16−10＝6（時間）

(3)　1年生のデータの最大値は12（時間）であるから，(a)は正しい。
　　　3年生のデータの箱ひげ図から，学習時間が10時間から14時間までの区間にいる人数は，3年生全体のほぼ25％であり，14時間から16時間までの区間にいる人数も，3年生全体のほぼ25％である。

すなわち，前者と後者はほぼ等しいので，(b)は誤りである。

　1年生のデータの箱ひげ図から，学習時間が10時間から14時間までの区間にいる人数は，1年生全体のほぼ25%である。したがって，この区間にいる人数の各学年全体に対する割合は，1年生と3年生でほぼ等しいので，(c)は誤りである。

　3年生のデータの中央値は14（時間）であるから，3年生の50%以上は，学習時間が14時間以上であるといえる。一方，1年生のデータの最大値は12（時間）であるから，すべての1年生は，学習時間が12時間以下であるといえる。

　したがって，(d)は正しい。

　以上より，正しいものは，(a)，(d)である。

｜プラスワン｜　四分位数で分けられる4つの部分には，データのほぼ25%が含まれているが，この割合について厳密に考えるとどうなるだろうか。

　まず，簡単のために，データの個数を4〜7個として考える。

(i)　データの個数が4個のとき
　　各部分に含まれるデータの個数は，ちょうど25%ずつである。

(ii)　データの個数が5個のとき
　　25%は1.25個に相当し，Q_2のデータを含めば25%より大きく，含まなければ25%より小さくなる。

(iii)　データの個数が6個のとき
　　25%は1.5個に相当し，Q_1かQ_3のデータを含めば25%より大きく，含まなければ25%より小さくなる。

(iv)　データの個数が7個のとき
　　25%は1.75個に相当し，Q_1，Q_2，Q_3のいずれかのデータを含めば25%より大きく，含まなければ25%より小さくなる。

　kを正の整数として，(i)〜(iv)を一般化すると，データの個数がそれぞれ$4k$，$4k+1$，$4k+2$，$4k+3$のときも同様の結果が得られる。

3
教科書
p.167

数学の小テスト（10点満点）の得点について，10人の生徒のうちの6人の平均値が7，分散が1で，残り4人の平均値が8，分散が2であるとき，次の問いに答えよ。

(1) 生徒10人全体の平均値を求めよ。

(2) 生徒10人全体の分散を求めよ。

ガイド (1) 6人の平均値と4人の平均値から，10人の合計点を求める。

(2) 分散 s^2 について，$s^2 = \overline{x^2} - (\overline{x})^2$ の式を利用するとよい。

6人の平均値と分散の値から，6人の得点の2乗の平均値を求める。同様にして，4人の2乗の平均値も求めると，(1)と同様にして，10人全体の得点の2乗の平均値が求められる。

解答 10人の生徒の得点を変量Xとし，そのうちの6人の得点，4人の得点をそれぞれ変量x，変量yとする。

(1) $\overline{x} = 7$，$\overline{y} = 8$ であるから，

$$\overline{X} = \frac{\overline{x} \times 6 + \overline{y} \times 4}{10} = \frac{7 \times 6 + 8 \times 4}{10} = \frac{37}{5} = 7.4 \,(点)$$

よって，生徒10人全体の平均値は，**7.4点**である。

(2) $s_x^2 = \overline{x^2} - (\overline{x})^2$ において，$s_x^2 = 1$，$\overline{x} = 7$ であるから，

$$\overline{x^2} - 7^2 = 1 \qquad \overline{x^2} = 50$$

$s_y^2 = \overline{y^2} - (\overline{y})^2$ において，$s_y^2 = 2$，$\overline{y} = 8$ であるから，

$$\overline{y^2} - 8^2 = 2 \qquad \overline{y^2} = 66$$

したがって，$\overline{X^2} = \dfrac{\overline{x^2} \times 6 + \overline{y^2} \times 4}{10}$

$$= \frac{50 \times 6 + 66 \times 4}{10} = \frac{282}{5}$$

この値と(1)から，

$$s_x^2 = \overline{X^2} - (\overline{X})^2 = \frac{282}{5} - \left(\frac{37}{5}\right)^2 = \frac{41}{25} = 1.64$$

よって，生徒10人全体の分散は，**1.64**である。

4

教科書 **p.167**

2つの変量の関係を表す指標である共分散と相関係数に関することとして，次の①～③の記述から正しいものをすべて選べ。

① 2つの変量に強い相関があるとき，共分散の値は大きくなる。

② 2つの変量の一方のみ単位を変更するとき，共分散の値は変化する。

③ 2つの変量の一方のみ単位を変更するとき，相関係数の値は変化する。

ガイド ① 「相関係数が大きくなる ⟶ 共分散が大きくなる」が正しいかどうかを考える。

②，③ 「変量の単位を変更する」は，「変量を $y = ax + b$ $(a > 0,$ $a \neq 1)$ によって変換する」と考える。

解答 ① 変量 x, y, y' をそれぞれ

$\qquad x : 1, 2, 3 \qquad y : 0, 1, 5 \qquad y' : 0, 2, 4$

とする。このとき，$\overline{x} = \overline{y} = \overline{y'} = 2$, $\quad \overline{x^2} = \dfrac{1}{3}(1^2 + 2^2 + 3^2) = \dfrac{14}{3}$

$\overline{y^2} = \dfrac{1}{3}(0^2 + 1^2 + 5^2) = \dfrac{26}{3}$, $\quad \overline{y'^2} = \dfrac{1}{3}(0^2 + 2^2 + 4^2) = \dfrac{20}{3}$ より，

$s_x = \sqrt{\dfrac{14}{3} - 2^2} = \dfrac{\sqrt{2}}{\sqrt{3}}$, $\qquad s_y = \sqrt{\dfrac{26}{3} - 2^2} = \dfrac{\sqrt{14}}{\sqrt{3}}$,

$s_{y'} = \sqrt{\dfrac{20}{3} - 2^2} = \dfrac{2\sqrt{2}}{\sqrt{3}}$

$s_{xy} = \dfrac{1}{3}\{(1-2)(0-2) + (2-2)(1-2) + (3-2)(5-2)\} = \dfrac{5}{3}$

$s_{xy'} = \dfrac{1}{3}\{(1-2)(0-2) + (2-2)(2-2) + (3-2)(4-2)\} = \dfrac{4}{3}$

このとき，$r_{xy} = \dfrac{s_{xy}}{s_x s_y} = \dfrac{\dfrac{5}{3}}{\dfrac{\sqrt{2}}{\sqrt{3}} \cdot \dfrac{\sqrt{14}}{\sqrt{3}}} = \dfrac{5}{2\sqrt{7}}$

$r_{xy'} = \dfrac{s_{xy'}}{s_x s_{y'}} = \dfrac{\dfrac{4}{3}}{\dfrac{\sqrt{2}}{\sqrt{3}} \cdot \dfrac{2\sqrt{2}}{\sqrt{3}}} = 1$

より，$r_{xy} < r_{xy'}$ であるが，$s_{xy} > s_{xy'}$ である。

したがって，相関係数が大きくなっても共分散の値が大きくなるとは限らないので，正しくない。

第5章 データの分析

② 2つの変量を x, y とし，その値の組を (x_1, y_1), (x_2, y_2), ……,
(x_n, y_n) とする。また，変量 y を $z=ay+b$ $(a>0, a\neq1)$ によ
って単位を変更し，変量 z に変換する。

このとき，$z_i\,(i=1, 2, \cdots\cdots, n)$ に対し，
$z_i-\bar{z}=ay_i+b-(a\bar{y}+b)=a(y_i-\bar{y})$ なので，

$$s_{xz}=\frac{1}{n}\{(x_1-\bar{x})(z_1-\bar{z})+(x_2-\bar{x})(z_2-\bar{z})$$
$$+\cdots\cdots+(x_n-\bar{x})(z_n-\bar{z})\}$$
$$=a\cdot\frac{1}{n}\{(x_1-\bar{x})(y_1-\bar{y})+(x_2-\bar{x})(y_2-\bar{y})$$
$$+\cdots\cdots+(x_n-\bar{x})(y_n-\bar{y})\}$$
$$=as_{xy}\neq s_{xy}$$

となる。

したがって，2つの変量の一方のみ単位を変更するとき，共分
散の値は変化するので，正しい。

③ 変量 x, y, z は②で定めたものであるとする。

②より，$s_{xz}=as_{xy}$ であり，$a>0$ より，$s_z=|a|s_y=as_y$ だから，

$$r_{xz}=\frac{s_{xz}}{s_xs_z}=\frac{as_{xy}}{s_x\cdot as_y}=\frac{s_{xy}}{s_xs_y}=r_{xy}$$

したがって，2つの変量の一方のみ単位を変更するとき，相関
係数の値は変化しないので，正しくない。

以上により，正しい記述は**②**である。

プラスワン 変量 x, y に対し，変量 z, w を $z=ax+b$, $w=cy+d$ によ
って定めるとき，a, c が同符号ならば，上の②，③と同様のプロセス
によって，$r_{zw}=r_{xy}$ であることが示される。

このことから，2つの変量の両方の単位を変更しても，相関係数の
値は変化しないことがわかる。

変量の変換に関する平均値，分散，
標準偏差の公式や共分散，相関係数
の定義式を確認しておこう。

5

教科書
p.167

　下の図は，2018年の名古屋市における1月から12月までの日ごとの最高気温の平均(℃)と各世帯1か月あたりのアイスクリームの支出(円)のデータをそれぞれ月別に調べ，散布図に表したものである。ところが，日ごとの最高気温の平均が17.4℃の月におけるアイスクリームの支出1720円は誤りであり，正しい支出は720円であることがわかった。

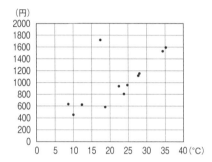

(1)　正しい数値に直すと，日ごとの最高気温の平均の平均値，中央値は，それぞれどのように変化するか答えよ。

(2)　正しい数値に直すと，各世帯1か月あたりのアイスクリームの支出の平均値，中央値は，それぞれどのように変化するか答えよ。

(3)　正しい数値に直すと，日ごとの最高気温の平均と各世帯1か月あたりのアイスクリームの支出の相関係数は，どのように変化するか答えよ。

ガイド (1)　誤りのデータは支出のデータであり，日ごとの最高気温の平均のデータには変化はない。

(2)　修正後のデータの中央値は，修正前のデータの何番目と何番目の平均値にあたるのかを考える。

(3)　正しい数値に直すと，散布図の点が直線状に並ぶ傾向が強まる。

解答 (1)　正しい数値に直しても，日ごとの最高気温のデータには変化はないので，**平均値，中央値はともに変わらない。**

(2)　支出の総和は小さくなるから，**平均値は小さくなる。**

　修正前，修正後の中央値をそれぞれ M_1，M_2 とすると，M_1 は修正前のデータの小さい方から6番目と7番目の値の平均値であり，正しい数値は小さい方から5番目の値となることから，M_2 は修正前のデータの小さい方から5番目と6番目の値の平均値にあた

第
5
章

データの分析

る。

　　　よって，支出のデータの値はすべて異なることから，$M_1 > M_2$
となる。

　　　すなわち，**中央値は小さくなる。**

(3)　正しい数値に直すと，散布図の点が右上がりの直線状に並ぶ傾
　　向が強くなる。

　　　つまり，正の相関関係が強くなるので，**相関係数は大きくなる。**

$\boxed{\text{B}}$

☐ **6**

教科書
p.168

　下の図は，ある年の東京の1日の平均気温を月別に箱ひげ図で表した
ものである。

　次の①～④の記述から正しいと判断できるものをすべて選べ。

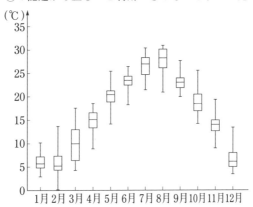

①　4月と10月のデータの平均値は等しい。

②　5月のデータの範囲は，6月のデータの範囲に比べて10月のデー
　　タの範囲に近い。

③　各月で中央値に近い15日分の平均気温の高低差は，3月が他の月
　　に比べて大きい。

④　8月のデータの中央値は，1月のデータの中央値と比べて25度以
　　上高い。

ガイド　①　箱ひげ図からは基本的には5数要約に関する情報以外は読み取
　　れない。

②　各月の最大値と最小値の差を比べる。

③　中央値に近い 15 日分のデータの分布を読み取ることは可能な
　のかを考える。
④　中央値の大まかな値を読み取って考える。

解答　①　箱ひげ図からは平均値を読み取ることはできない。
　　　　　　　よって，正しくない。
　　　　②　5 月のデータの範囲は，6 月のデータの範囲とは異なるが，10
　　　　　月のデータの範囲とはほぼ同じである。よって，正しい。
　　　　③　箱ひげ図からは，個々のデータの分布の様子を読み取ることは
　　　　　できない。つまり，中央値に近い 15 日分のデータの分布の様子
　　　　　を読み取ることはできない。
　　　　　　　よって，正しくない。
　　　　④　1 月のデータの中央値は 6℃ 程度で，8 月のデータの中央値は
　　　　　28℃ 程度なので，これらの差は 25℃ 未満であるといえる。
　　　　　　　よって，正しくない。
　　　　以上により，正しい記述は**②**である。

7
教科書
p.168
　　下のグラフは，ある学校で数学のテスト (100 点満点) を 2 回行ったと
きの，各テストの得点の累積相対度数グラフである。

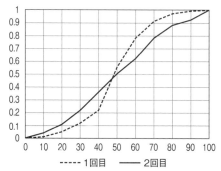

-----1回目　　——2回目

　　次のア，イの記述について，それぞれ正しいかどうかを判断せよ。ま
た，そのように判断した理由も述べよ。
ア　1 回目よりも 2 回目の方が，第 1 四分位数は小さいが第 3 四分位数
　は大きい。
イ　1 回目の得点が 70 点以上だった生徒にとっては，2 回目の方が高い
　点数をとりやすかった。

ガイド　ア…それぞれのグラフの累積相対度数が 0.25, 0.75 となるときの得点を比較してみる。

　　　イ…個々のデータの推移は読み取ることはできない。

解答　ア…**正しい。**

　　　理由　累積相対度数が 0.25 のときの得点は 1 回目よりも 2 回目の方が低く，累積相対度数が 0.75 のときの得点は 1 回目よりも 2 回目の方が高いので，1 回目よりも 2 回目の方が，第 1 四分位数は小さく，第 3 四分位数は大きいと判断できる。

　　　イ…**正しくない。**

　　　理由　グラフからは，個々のデータの推移は読み取ることはできない。

　　　　つまり，1 回目が 70 点以上だった生徒が 2 回目にとった得点の範囲を特定することはできない。

探究編

式の値の計算の工夫

問
教科書
p.170
$x=\dfrac{1}{\sqrt{5}+\sqrt{3}}$, $y=\dfrac{1}{\sqrt{5}-\sqrt{3}}$ のとき, x^2+y^2 の値を求めよ。

ガイド　まず, $x+y$, xy の値を計算してから, $x^2+y^2=(x+y)^2-2xy$
を利用する。

解答
$$x+y=\frac{1}{\sqrt{5}+\sqrt{3}}+\frac{1}{\sqrt{5}-\sqrt{3}}$$
$$=\frac{\sqrt{5}-\sqrt{3}}{(\sqrt{5}+\sqrt{3})(\sqrt{5}-\sqrt{3})}+\frac{\sqrt{5}+\sqrt{3}}{(\sqrt{5}-\sqrt{3})(\sqrt{5}+\sqrt{3})}$$
$$=\frac{\sqrt{5}-\sqrt{3}}{2}+\frac{\sqrt{5}+\sqrt{3}}{2}=\sqrt{5}$$
$$xy=\frac{1}{\sqrt{5}+\sqrt{3}}\cdot\frac{1}{\sqrt{5}-\sqrt{3}}=\frac{1}{2}$$

よって, $x^2+y^2=(x+y)^2-2xy=(\sqrt{5})^2-2\cdot\dfrac{1}{2}=\mathbf{4}$

対称式と基本対称式　　　　　　　　　　　　　　**発展**

挑戦1　$x+y=2\sqrt{5}$, $xy=2$ のとき, 次の式の値を求めよ。
教科書
p.171　(1)　x^3+y^3　　　　　　　(2)　$\dfrac{1}{x^2}+\dfrac{1}{y^2}$

ガイド　(1)　$x^3+y^3=(x+y)^3-3xy(x+y)$ を利用する。
　　　　(2)　通分して計算する。

解答　(1)　$x^3+y^3=(x+y)^3-3xy(x+y)$
$$=(2\sqrt{5})^3-3\cdot2\cdot2\sqrt{5}$$
$$=40\sqrt{5}-12\sqrt{5}=\mathbf{28\sqrt{5}}$$

(2)　$\dfrac{1}{x^2}+\dfrac{1}{y^2}=\dfrac{y^2}{x^2y^2}+\dfrac{x^2}{x^2y^2}=\dfrac{x^2+y^2}{x^2y^2}$

探究編

$$= \frac{(x+y)^2 - 2xy}{(xy)^2} = \frac{(2\sqrt{5})^2 - 2\cdot 2}{2^2} = \frac{16}{4} = 4$$

☐多様性を養おう

教科書
p.171 $\alpha + \dfrac{1}{\alpha} = 3$ のとき, $\alpha^2 + \dfrac{1}{\alpha^2}$ の値を求めてみよう。

- -

ガイド $\left(\alpha + \dfrac{1}{\alpha}\right)^2$ を計算すると, どんな式が現れるかに着目する。

解答 $\left(\alpha + \dfrac{1}{\alpha}\right)^2 = \alpha^2 + 2\cdot \alpha \cdot \dfrac{1}{\alpha} + \left(\dfrac{1}{\alpha}\right)^2 = \alpha^2 + \dfrac{1}{\alpha^2} + 2$ より,

$$\alpha^2 + \frac{1}{\alpha^2} = \left(\alpha + \frac{1}{\alpha}\right)^2 - 2 = 3^2 - 2 = 7$$

☐独創性を養おう （課題学習）

教科書
p.171 $x+y+z$, $xy+yz+zx$, xyz を文字が3つのときの基本対称式という。
一般に, x, y, z についての対称式は, これらの基本対称式で表される。
3つの文字 x, y, z についての対称式を作り, このことを確認してみよう。

- -

ガイド これまでに学習したもののうち, 文字が3つの基本対称式が現れて
いるものがないか考えてみる。たとえば,
$(x+y+z)^2 = x^2 + y^2 + z^2 + 2xy + 2yz + 2zx$ などをもとにして考え
てみる。

解答 （例） $x^2 + y^2 + z^2$ は x, y, z についての対称式であり,
$(x+y+z)^2 = x^2 + y^2 + z^2 + 2xy + 2yz + 2zx$ より,
$x^2 + y^2 + z^2 = (x+y+z)^2 - 2(xy+yz+zx)$
なので, 基本対称式 $x+y+z$, $xy+yz+zx$ で表される。

（例） $x^2y^2 + y^2z^2 + z^2x^2$ は x, y, z についての対称式であり,
$x^2y^2 + y^2z^2 + z^2x^2 = (xy)^2 + (yz)^2 + (zx)^2$
$= (xy+yz+zx)^2 - 2(xy\cdot yz + yz\cdot zx + zx\cdot xy)$
$= (xy+yz+zx)^2 - 2xyz(x+y+z)$
なので, 基本対称式 $x+y+z$, $xy+yz+zx$, xyz で表される。

絶対値を含む方程式・不等式のいろいろな解法

▧挑戦 2 不等式 $2x-1 \leqq |x-2|$ を解け。

教科書
p.172 --

ガイド 方程式のときと同様に，場合分けをして，それぞれの場合について，
不等式の解が場合分けの条件を満たしているかどうかを確認し，適す
るものを解とする。

解答 (i) $x-2 \geqq 0$，すなわち，$x \geqq 2$ のとき，

$2x-1 \leqq x-2$

$x \leqq -1$

これは，条件 $x \geqq 2$ を満たさない。

(ii) $x-2 < 0$，すなわち，$x < 2$ のとき，

$2x-1 \leqq -(x-2)$

$3x \leqq 3$

$x \leqq 1$

これと条件 $x < 2$ との共通の範囲は， $x \leqq 1$

(i), (ii)より，不等式の解は， $x \leqq 1$

▧柔軟性を養おう （課題学習）

教科書
p.172 教科書の探究 2 に対する次の解答はどこが間違っているのだろうか。

> 与えられた方程式は，$2x-1 = \pm(x-2)$ と変形できる。
>
> (i) $2x-1 = x-2$ のとき，これを解くと， $x = -1$
>
> (ii) $2x-1 = -(x-2)$ のとき，これを解くと， $x = 1$
>
> (i), (ii)より，方程式の解は， $x = \pm 1$

ガイド 2 つの等式 $2x-1 = |x-2|$ と $2x-1 = \pm(x-2)$ が表す意味のち
がいを考える。前者の等式の右辺は 0 以上なので，左辺も当然 0 以上
でなければならないことに注意する。

解答 等式 $2x-1 = |x-2|$ ……①

においては，左辺と右辺がともに 0 以上であるという制約が存在する。
 ところが，等式 $2x-1 = \pm(x-2)$ ……②

では，この制約を考慮していない。

探
究
編

よって，①を安易に②に変形することは誤りである。

この制約に従うためには，$x-2$ や $-(x-2)$ が 0 以上になることを前提にして考えねばならない。

すなわち，①において，$x-2\geqq0$，$x-2<0$ という条件のもとで絶対値記号を外してできた方程式を解き，解がこれらの条件に適さないときは，それを除く必要がある。

プラスワン　②は「$2x-1$ の絶対値と $x-2$ の絶対値が等しい」ということを表し，$|2x-1|=|x-2|$ と同じになる。このことからも，①と②が表す意味が異なることがわかる。

プラスワン　探究 2 では，場合分けの結果，一方の解が不適になっているが，両方の解が適する場合もある。例えば，方程式 $x+1=2|x|$ の解は $x=1$，$-\dfrac{1}{3}$ であり，解は 2 つある。探究 2 と同様に場合分けを行い，両方の解が適することを各自確認してほしい。

グラフの平行移動

■問　放物線 $y=-x^2+8x-9$ を放物線 $y=-x^2-4x+5$ に重ねるには，どのように平行移動すればよいか。

教科書
p.174

ガイド　まず，それぞれの式を平方完成して頂点を求める。頂点が重なるように平行移動すればよい。

解答　放物線 $y=-x^2+8x-9$ ……①，

放物線 $y=-x^2-4x+5$ ……② はいずれも放物線 $y=-x^2$ を平行移動したものであるから，放物線①を平行移動して放物線②に重ねるには，それらの頂点が重なるように平行移動すればよい。

$y=-x^2+8x-9=-(x-4)^2+7$ より，放物線①の頂点は点 $(4, 7)$ である。

また，$y=-x^2-4x+5=-(x+2)^2+9$ より，放物線②の頂点は点 $(-2, 9)$ である。

よって，$-2-4=-6$，$9-7=2$ より，放物線 $y=-x^2+8x-9$ を，**x 軸方向に -6，y 軸方向に 2 だけ平行移動**すればよい。

挑戦 3
教科書
p.174
ある放物線を x 軸方向に -1, y 軸方向に 3 だけ平行移動すると放物線 $y=3x^2-6x+7$ になるという。頂点に着目することで，もとの放物線の方程式を求めよ。

- -

ガイド　まず，放物線 $y=3x^2-6x+7$ の頂点をもとにして，もとの放物線の頂点を求める。また，これらの放物線はともに放物線 $y=3x^2$ を平行移動したものになる。

解答　もとの放物線の頂点を (a, b) とする。
　　$y=3x^2-6x+7=3(x-1)^2+4$ より，移動後の放物線の頂点は，点 $(1, 4)$ であるから，$a-1=1$, $b+3=4$ より，　$a=2$, $b=1$
　　したがって，もとの放物線の頂点は点 $(2, 1)$ である。
　　また，これらの放物線はともに $y=3x^2$ を平行移動したものであることから，求める放物線の方程式は，　$y=3(x-2)^2+1$，すなわち，
　　$y=3x^2-12x+13$

柔軟性を養おう
教科書
p.174
挑戦 3 において，もとの放物線上の点 $Q(X, Y)$ が平行移動によって放物線 $y=3x^2-6x+7$ 上の点 $P(x, y)$ に移動するとき，P の x 座標，y 座標はそれぞれ X, Y を用いてどのように表すことができるか考えてみよう。

- -

ガイド　点 Q を x 軸方向に -1, y 軸方向に 3 だけ平行移動した点が点 P に一致すると考える。

解答　点 $Q(X, Y)$ を x 軸方向に -1, y 軸方向に 3 だけ平行移動した点は $(X-1, Y+3)$ であり，これが点 $P(x, y)$ に一致するから，
　　$x=X-1$, $y=Y+3$

問
教科書
p.175
上 (教科書) の考え方を利用して，挑戦 3 を解け。

- -

ガイド　次のことを利用する。
- 放物線 $y=ax^2+bx+c$ を x 軸方向に p, y 軸方向に q だけ平行移動した放物線の方程式は，
　　$y-q=a(x-p)^2+b(x-p)+c$

探
究
編

解答 もとの放物線は，放物線 $y=3x^2-6x+7$ を x 軸方向に 1, y 軸方向に -3 だけ平行移動したものであるから，その方程式は，

$$y-(-3)=3(x-1)^2-6(x-1)+7$$

すなわち， $\boldsymbol{y=3x^2-12x+13}$

☑**独創性を養おう**

教科書
p.175 一般の関数 $y=f(x)$ のグラフを x 軸方向に p, y 軸方向に q だけ平行移動したグラフの方程式はどのように表すことができるだろうか。

- -

ガイド $y=f(x)$ のグラフを C, 平行移動によって得られるグラフを C' とする。C' 上に P$(x,\ y)$ をとり，平行移動によって P に移動する C 上の点を Q$(X,\ Y)$ とおいて，教科書の p.174~175 の説明と同様に考える。

解答 $y=f(x)$ のグラフを C とし，C を x 軸方向に p, y 軸方向に q だけ平行移動して得られるグラフを C' とする。

C' 上に点 P$(x,\ y)$ を任意にとり，平行移動によって P に移動してくる C 上の点を Q$(X,\ Y)$ とすると，

$$x=X+p,\ y=Y+q$$

すなわち，

$$X=x-p,\ Y=y-q$$

点 Q は C 上にあるから，

$$Y=f(X)\quad \cdots\cdots①$$

よって，C' を表す方程式は，①の X に $x-p$ を，Y に $y-q$ を代入して，

$$\boldsymbol{y-q=f(x-p)}$$

グラフの対称移動

▉**挑戦 4** 放物線 $y=2x^2+4x+7$ について，次の問いに答えよ。

教科書
p.177 (1) x 軸方向に 3, y 軸方向に 2 だけ平行移動した後，x 軸に関して対称移動した放物線の方程式を求めよ。

(2) x 軸に関して対称移動した後，x 軸方向に 3, y 軸方向に 2 だけ平行移動した放物線の方程式を求めよ。

- -

ガイド

ここがポイント👉

　関数 $y=f(x)$ のグラフを対称移動したグラフの方程式は，次のようになる。

x 軸に関する対称移動の場合　　**$y=-f(x)$**

y 軸に関する対称移動の場合　　**$y=f(-x)$**

原点に関する対称移動の場合　　**$y=-f(-x)$**

　本問では，平行移動と対称移動が組み合わさっている。平行移動については，教科書 p.175 で示されている公式を利用するとよい。

解答 (1) 放物線 $y=2x^2+4x+7$ を x 軸方向に 3，y 軸方向に 2 だけ平行移動すると，その方程式は，

$$y-2=2(x-3)^2+4(x-3)+7$$

すなわち，　$y=2x^2-8x+15$

これを x 軸に関して対称移動すると，その方程式は，

$$y=-(2x^2-8x+15)$$

すなわち，　**$y=-2x^2+8x-15$**

(2) 放物線 $y=2x^2+4x+7$ を x 軸に関して対称移動すると，その方程式，

$$y=-(2x^2+4x+7)$$

すなわち，　$y=-2x^2-4x-7$

これを x 軸方向に 3，y 軸方向に 2 だけ平行移動すると，その方程式は，

$$y-2=-2(x-3)^2-4(x-3)-7$$

すなわち，　**$y=-2x^2+8x-11$**

プラスワン 本問の対称移動と平行移動の組み合わせは，(1)，(2)ともに，「x 軸に関する対称移動」と「x 軸方向に 3，y 軸方向に 2 の平行移動」であるが，順番が入れ換わっており，(1)，(2)で得られた放物線の方程式は同じではない。これは，一般に，移動の順序を変えると，移る点は同じにはならないことを示している。

探
究
編

☑独創性を養おう （課題学習）

教科書
p.177 座標平面上の点 P(-2, 3) を，2つの移動により新しい点 P′ に移すこと
を考える。

例1 操作①：x 軸方向に 3 だけ平行移動する
操作②：y 軸方向に -4 だけ平行移動する
このとき，①→②の順番で移動した場合と，
②→①の順番で移動した場合で，P′ は一致する。

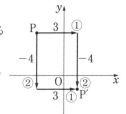

例2 操作①：直線 $x=1$ に関して対称移動する
操作②：原点に関して対称移動する
このとき，①→②の順番で移動した場合と，
②→①の順番で移動した場合で，P′ は一致し
ない。

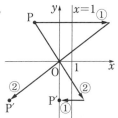

例2のように，移動する順番を逆にすると結果が異なるような例を作
ってみよう。

- -

ガイド 上の例2や本書 p.205 の ▌**プラスワン**▌ で述べていることを参考に
して，具体例をつくってみるとよい。

解答 P(a, b) とし，2回の移動によって移った点を P′ とする。
［具体例1］
操作①：直線 $y=2$ に関して対称移動する
操作②：原点に関して対称移動する
このとき，①→②の順番で移動すると，
P(a, b)→(a, $4-b$)→P′($-a$, $-4+b$)
②→①の順番で移動すると，
P(a, b)→($-a$, $-b$)→P′($-a$, $4+b$)
となり，P′ は一致しない。

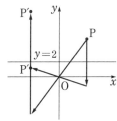

［具体例2］

　操作①：x 軸に関して対称移動する

　操作②：x 軸方向に 2，y 軸方向に 1 だけ

　　　　　平行移動する

このとき，①→②の順番で移動すると，

P$(a,\ b)$→$(a,\ -b)$→P′$(a+2,\ -b+1)$

②→①の順番で移動すると，

P$(a,\ b)$→$(a+2,\ b+1)$→P′$(a+2,\ -b-1)$

となり，P′ は一致しない。

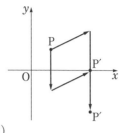

⚠注意　解答 の具体例では，点Pの座標を P$(a,\ b)$ とおいて，一般的な説明にしてあるが，教科書のように，P$(-2, 3)$ などとおいて，具体的な座標を用いて説明してもよい。

プラスワン　P$(a,\ b)$ を直線 $y=k$ に関して対称移動した点を P′ とすると，点 P，P′ の x 座標は同じである。また，P′ の y 座標を c とすれば，PP′ の中点が直線 $y=k$ 上にあることから，$\dfrac{b+c}{2}=k$ より，

$c=2k-b$ なので，P′$(a, 2k-b)$ となる。［具体例1］ではこのことを用いている。同様にして，P(a, b) を直線 $x=k$ に関して対称移動した点の座標は $(2k-a,\ b)$ となる。

定義域が変化するときの最大・最小

◢問　　a を正の定数とするとき，2次関数 $y=-x^2+2x+5$ $(0 \leqq x \leqq a)$ の最

教科書
p.181　大値と最小値を求めよ。

ガイド　定義域の右端が変化する場合の2次関数の最大・最小を調べる。

　　　　定義域と放物線の軸の位置関係によって場合分けをする。

解答　　$y=-x^2+2x+5=-(x-1)^2+6$

　　　よって，この関数のグラフは，上に凸の放物線で，軸は直線 $x=1$，頂点は点 $(1,\ 6)$ である。定義域と軸の位置関係により，次の(I)〜(IV)の図のように場合分けする。

探
究
編

(I)	(II)	(III)	(IV)
$0<a<1$ のとき	$1\leqq a<2$ のとき	$a=2$ のとき	$2<a$ のとき

 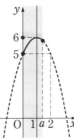 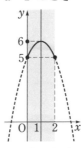 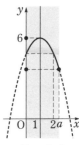

　最大値については，$a=1$ の前後で最大値を与える x の値が変化し，(I)より，$0<a<1$ のときは $x=a$，(II)～(IV)より，$1\leqq a$ のときは $x=1$ である。

　　よって，**$0<a<1$ のとき，最大値 $-a^2+2a+5$　$(x=a$ のとき$)$**
　　　　　　$1\leqq a$ のとき，最大値 6　$(x=1$ のとき$)$

　最小値については，$a=2$ の前後で最小値を与える x の値が変化し，(I)，(II)より，$0<a<2$ のときは $x=0$，(III)より，$a=2$ のときは $x=0$，2，(IV)より，$2<a$ のときは $x=a$ である。

　　よって，**$0<a<2$ のとき，最小値 5　$(x=0$ のとき$)$**
　　　　　　$a=2$ のとき，最小値 5　$(x=0$，2 のとき$)$
　　　　　　$2<a$ のとき，最小値 $-a^2+2a+5$　$(x=a$ のとき$)$

⚠注意　最大値と最小値をまとめて次のように解答してもよい。

　　$0<a<1$ のとき，　最大値 $-a^2+2a+5$　$(x=a$ のとき$)$
　　　　　　　　　　　最小値 5　$(x=0$ のとき$)$
　　$1\leqq a<2$ のとき，最大値 6　$(x=1$ のとき$)$
　　　　　　　　　　　最小値 5　$(x=0$ のとき$)$
　　$a=2$ のとき，　　最大値 6　$(x=1$ のとき$)$
　　　　　　　　　　　最小値 5　$(x=0$，2 のとき$)$
　　$2<a$ のとき，　　最大値 6　$(x=1$ のとき$)$
　　　　　　　　　　　最小値 $-a^2+2a+5$　$(x=a$ のとき$)$

挑戦 5　a を定数とするとき，2次関数 $y=x^2-2x+3$　$(a\leqq x\leqq a+2)$ の最大値と最小値を求めよ。

教科書 p.181

ガイド　定義域の両端が動く場合の 2 次関数の最大・最小を調べる。

前問と同様に，定義域と軸の位置関係による場合分けが基本となる。

最大値…定義域の端点のうち，軸から遠い方で最大値をとる。定義域の中央の値が軸のどちら側にあるかに着目して判断する。

最小値…定義域内で単調に増加（または減少）しているかそうでないかに着目する。

解答　$y=x^2-2x+3=(x-1)^2+2$ より，この関数のグラフは下に凸の放物線で，軸は直線 $x=1$，頂点は点 $(1, 2)$ である。

まず，最大値について考える。

定義域の中央の値は，$\dfrac{a+(a+2)}{2}=a+1$

(Ⅰ)　$a+1<1$，すなわち，$a<0$ のとき，定義域の左端の方が右端よりも軸から遠いので，$x=a$ で最大値 a^2-2a+3 をとる。

(Ⅱ)　$a+1=1$，すなわち，$a=0$ のとき，軸と定義域の両端との距離が等しいので，$x=0, 2$ で最大値 3 をとる。

(Ⅲ)　$1<a+1$，すなわち，$0<a$ のとき，定義域の右端の方が左端よりも軸から遠いので，$x=a+2$ で最大値をとり，その値は，
$(a+2)^2-2(a+2)+3=a^2+2a+3$

(Ⅰ)　　　　　　　　　　(Ⅱ)　　　　　　　　　　(Ⅲ)

$a<0$ のとき　　　　　　$a=0$ のとき　　　　　　$0<a$ のとき

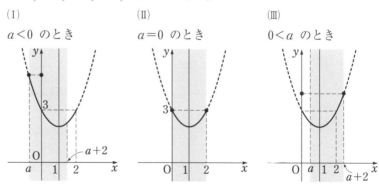

以上により，**$a<0$ のとき，最大値 a^2-2a+3（$x=a$ のとき）**

$a=0$ のとき，最大値 3（$x=0, 2$ のとき）

$0<a$ のとき，最大値 a^2+2a+3（$x=a+2$ のとき）

次に，最小値について考える。

(Ⅰ)　$a+2<1$，すなわち，$a<-1$ のとき，軸は定義域の右端より右にあり，$a\leqq x\leqq a+2$ において，関数の値はつねに減少するから，$x=a+2$ で最小値 a^2+2a+3 をとる。

(Ⅱ)　$a < 1 \leqq a+2$, すなわち, $-1 \leqq a < 1$ のとき, 軸が定義域に含まれるから, $x = 1$ で最小値 2 をとる。

(Ⅲ)　$1 \leqq a$ のとき, 軸は定義域の左端と一致するかそれより左にあり, $a \leqq x \leqq a+2$ において, 関数の値はつねに増加するから, $x = a$ で最小値 a^2-2a+3 をとる。

(Ⅰ)　　　　　　　　　　　(Ⅱ)　　　　　　　　　　　(Ⅲ)
$a < -1$ のとき　　　　　$-1 \leqq a < 1$ のとき　　　$1 \leqq a$ のとき

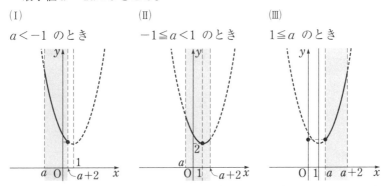

以上により, **$a < -1$ のとき, 最小値 a^2+2a+3　($x = a+2$ のとき)**
　　　　　　$-1 \leqq a < 1$ のとき, 最小値 2　($x = 1$ のとき)
　　　　　　$1 \leqq a$ のとき, 最小値 a^2-2a+3　($x = a$ のとき)

⚠️注意　場合分けについては, 範囲が重なっていなければ, 解答▶と同じでなくても構わない。たとえば, 最小値については,

　(Ⅰ)　$a < -1$　　　　(Ⅱ)　$-1 \leqq a \leqq 1$　　　　(Ⅲ)　$1 < a$

のような場合分けでもよい。

☐柔軟性を養おう　■1▶

教科書 **p.181**　a を定数とするとき, 2 次関数 $y = x^2-2ax+a^2+2$ $(0 \leqq x \leqq 2)$ の最大値と最小値を求めよ。

- -

ガイド　定義域が固定され, 2 次関数の式が変化する場合 (軸が動く場合) の最大・最小を調べる。最大値, 最小値を求める際の方針は, それぞれ ☐挑戦 5 と同様である。

解答▶　$y = x^2-2ax+a^2+2 = (x-a)^2+2$ より, この関数のグラフは下に凸の放物線で, 軸は直線 $x = a$, 頂点は点 $(a, 2)$ である。
　　　　まず, 最大値について考える。定義域の中央の値は 1 である。

(I) $a<1$ のとき，定義域の右端の方が左端よりも軸から遠いので，$x=2$ で最大値をとり，その値は，

$2^2-2a\cdot2+a^2+2=a^2-4a+6$ である。

(II) $a=1$ のとき，軸と定義域の両端との距離が等しいので，$x=0$，2 で最大値 3 をとる。

(III) $1<a$ のとき，定義域の左端の方が右端よりも軸から遠いので，$x=0$ で最大値 a^2+2 をとる。

(I)	(II)	(III)
$a<1$ のとき	$a=1$ のとき	$1<a$ のとき

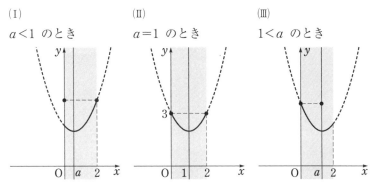

以上により，**$a<1$ のとき，最大値 a^2-4a+6 （$x=2$ のとき）**

               $a=1$ のとき，最大値 3 （$x=0$，2 のとき）

               $1<a$ のとき，最大値 a^2+2 （$x=0$ のとき）

次に，最小値について考える。

(I) $a<0$ のとき，軸は定義域の左端より左にあり，定義域において関数の値はつねに増加するから，$x=0$ で最小値 a^2+2 をとる。

(II) $0\leqq a<2$ のとき，軸が定義域に含まれるから，$x=a$ で最小値 2 をとる。

(III) $2\leqq a$ のとき，軸は定義域の右端と一致するかそれより右にあり，定義域において関数の値はつねに減少するから，$x=2$ で最小値 a^2-4a+6 をとる。

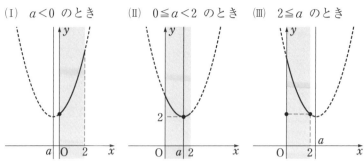

(I) $a<0$ のとき　(Ⅱ) $0\leqq a<2$ のとき　(Ⅲ) $2\leqq a$ のとき

以上により，**$a<0$ のとき，最小値 a^2+2 （$x=0$ のとき）**

$0\leqq a<2$ のとき，最小値 2 （$x=a$ のとき）

$2\leqq a$ のとき，最小値 a^2-4a+6 （$x=2$ のとき）

□柔軟性を養おう　2

挑戦5と ◤1◢ の類似点について話し合ってみよう。

ガイド ▨挑戦5 と ◤1◢ の解法の方針を見比べて，類似点を指摘するとよい。

解答 （例）　どちらの問題も定義域と軸の位置関係のちがいが場合分けの基準となる点で共通している。さらに細かく分析すると，最大値を考えるときは，軸と端点との遠近が場合分けの基準となること，最小値を考えるときは，軸が定義域の左側にあるか，定義域に含まれるか，定義域の右側にあるかが場合分けの基準となることも共通している。

⚠注意　▨挑戦5 と ◤1◢ はともにグラフが下に凸になる関数であったが，もし，グラフが上に凸になる関数であれば，上の**解答**で示した最大値，最小値を考えるときの場合分けの基準は入れかわる。

┃プラスワン┃　定義域に制限がある2次関数の最大・最小の問題は，

定義域が，固定 　　　　　右端，左端の一方が動く 　　　　　両端が動く	⟶	関数が，固定 　　　　　動く

のように，主に6パターンの設定が考えられる。プロセスの煩雑さに差はあるが，いずれの場合でも，定義域と軸の位置関係に着目することが解法の基本となる。また，場合分けの基準も，**解答**で示されて

いる基準をベースにして考えればよい。

絶対値を含む関数のグラフ

問　関数 $y=|x^2-x-2|$ のグラフをかけ。

教科書 **p.182**

ガイド　絶対値を含む関数 $y=|f(x)|$ においては，

$f(x)\geqq0$ となる x の値の範囲では，$y=f(x)$

$f(x)<0$ となる x の値の範囲では，$y=-f(x)$ となる。

$x^2-x-2\geqq0$ のとき，$x^2-x-2<0$ のときで場合分けをする。

解答　$x^2-x-2\geqq0$ を解くと，

$(x+1)(x-2)\geqq0$ より，　$x\leqq-1,\ 2\leqq x$

$x^2-x-2<0$ を解くと，

$(x+1)(x-2)<0$ より，　$-1<x<2$

(i) $x\leqq-1,\ 2\leqq x$ のとき，

$$y=x^2-x-2=\left(x-\frac{1}{2}\right)^2-\frac{9}{4}$$

(ii) $-1<x<2$ のとき，

$$y=-(x^2-x-2)=-\left(x-\frac{1}{2}\right)^2+\frac{9}{4}$$

よって，関数 $y=|x^2-x-2|$ のグラフ
は，右の図のようになる。

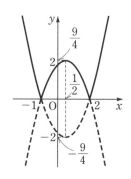

プラスワン　右上の図から，$y=|x^2-x-2|$ のグラフは，$y=x^2-x-2$ の
グラフの $y<0$ の部分を x 軸に関して対称に折り返したものになっ
ていることがわかる。

　一般に，関数 $y=|f(x)|$ のグラフは，$y=f(x)$ のグラフの $y<0$
の部分を x 軸に関して対称に折り返したものになる。

問　教科書 172 ページの挑戦 2 で考えた不等式 $2x-1\leqq|x-2|$ をグラフを
利用して解け。

教科書 **p.183**

ガイド 　$y=|x-2|$ のグラフが $y=2x-1$ のグラフより上側（共有点含む）に
あるような x の値の範囲を求める。

解答 　$|x-2|=\begin{cases} x-2 & (x\geqq2) \\ -x+2 & (x<2) \end{cases}$ より，

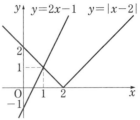

関数 $y=2x-1$ と関数 $y=|x-2|$
のグラフはそれぞれ右の図のようになり，
共有点の x 座標は，$2x-1=-x+2$ より，
$x=1$ である。

　求める不等式の解は，$y=|x-2|$ のグラ
フが $y=2x-1$ のグラフより上側（共有点含む）にあるような x の値
の範囲だから，　**$x\leqq1$**

挑戦 6 　グラフを利用して，不等式 $|x-1|<|x+1|$ を解け。

教科書
p.183
- -

ガイド 　$y=|x+1|$ のグラフが $y=|x-1|$ のグラフより上側にあるような
x の値の範囲を求める。

解答 　$|x-1|=\begin{cases} x-1 & (x\geqq1) \\ -x+1 & (x<1) \end{cases}$

　$|x+1|=\begin{cases} x+1 & (x\geqq-1) \\ -x-1 & (x<-1) \end{cases}$

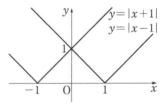

より，関数 $y=|x-1|$ と関数
$y=|x+1|$ のグラフはそれぞれ右の
図のようになる。

　$y=x-1$ と $y=x+1$ のグラフ，$y=-x+1$ と $y=-x-1$ のグ
ラフはそれぞれ平行であることから，$y=|x-1|$ のグラフと
$y=|x+1|$ のグラフの共有点は y 軸上の点 $(0,\ 1)$ のみである。

　よって，求める不等式の解は，$y=|x+1|$ のグラフが $y=|x-1|$ の
グラフより上側にあるような x の値の範囲だから，**$x>0$**

グラフで不等式を
考えるとわかりやすいね。

☑柔軟性を養おう   1

教科書
p.183 関数 $y=||x|-5|$ のグラフをかいてみよう。

- -

ガイド 絶対値記号が2重になっても方針は同じである。まずは，$|x|-5≧0$，$|x|-5<0$ のときで場合分けして，外側の絶対値記号を外す。

解答 $$||x|-5|=\begin{cases} |x|-5 & (|x|≧5) & \cdots\cdots① \\ -|x|+5 & (|x|<5) & \cdots\cdots② \end{cases}$$

①より，$x≦-5$ のとき，$|x|-5=-x-5$

   $x≧5$ のとき，$|x|-5=x-5$

②より，$-5<x≦0$ のとき，$-|x|+5=x+5$

   $0<x<5$ のとき，$-|x|+5=-x+5$

よって，

$$||x|-5|=\begin{cases} -x-5 & (x≦-5) \\ x+5 & (-5<x≦0) \\ -x+5 & (0<x<5) \\ x-5 & (5≦x) \end{cases}$$

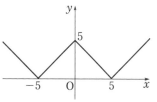

ゆえに，関数 $y=||x|-5|$ のグラフは右の図のようになる。

別解 $y=|x|-5$ のグラフは $y=|x|$ のグラフを y 軸方向に -5 だけ平行移動したものであるから，$y=|x|-5$ のグラフの $y<0$ の部分を x 軸に関して対称に折り返してもよい。

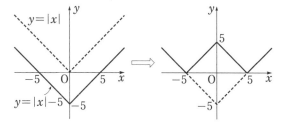

探
究
編

☑柔軟性を養おう   2

教科書
p.183 不等式 $||x|-5|≦3$ を解いてみよう。

- -

ガイド $y=||x|-5|$ のグラフが $y=3$ のグラフより下側（共有点含む）にあ

るような x の値の範囲を求める。

 解答▶ 　　　関数 $y=||x|-5|$ のグラフと $y=3$
のグラフは右の図のようになり，

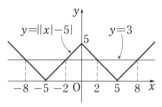

$-x-5=3,\ x+5=3,$

$-x+5=3,\ x-5=3$

より，共有点の x 座標は，

$x=-8,\ -2,\ 2,\ 8$ となる。

　　　求める不等式の解は，$y=||x|-5|$ のグラフが $y=3$ のグラフより下側(共有点含む)にあるような x の値の範囲なので，

　　　$-8 \leqq x \leqq -2,\ 2 \leqq x \leqq 8$

2次方程式の解の存在範囲

□ 柔軟性を養おう

教科書 **p.187**

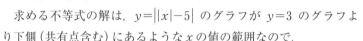

教科書 186 ページの例題 1 の解において，

　　　「2次方程式 $x^2-2ax-a+6=0$ が異なる 2 つの正の解をもつ」……(＊)

ためには 3 つの条件

(ⅰ) $f(0)>0$

(ⅱ-1) 　放物線の軸 $x=a$ が $x>0$ の部分にある。

(ⅱ-2) 　放物線が x 軸と異なる 2 点で交わる。

を満たさなければならないことを学んだ。

どの 1 つが欠けても (＊) が実現できないことを，$y=x^2-2ax-a+6$ のグラフを用いて説明してみよう。

一方，教科書 187 ページの例題 2 の解において，

　　　「2次方程式 $x^2-ax-2a+6=0$ が正の解と負の解を 1 つずつもつ」

ためには「$y=x^2-ax-2a+6$ のグラフが y 軸と $y<0$ の部分で交わる」という条件を満たせばよいことを学んだ。

満たす条件が 1 つだけでよいのはなぜだろうか。

- -

ガイド 　$y=x^2-2ax-a+6$ のグラフの軸は直線 $x=a$ である。

　　　前半，後半ともに a の値の範囲を絞り込んで，軸の位置，すなわち，頂点の位置を特定し，さらに，$f(0)$ の値，および，$x<a,\ a<x$ でそれぞれ単調に減少，増加することなどからグラフの状態を把握する。

解答 (i)，(ⅱ-1)，(ⅱ-2)のどの1つが欠けても(＊)が実現できないことの説明

$f(x)=x^2-2ax-a+6$ とおく。

条件(i)，(ⅱ-1)，(ⅱ-2)はそれぞれ次のようになる。

(i) $f(0)=-a+6>0$ より， $a<6$ ……①

(ⅱ-1) 軸 $x=a$ が $x>0$ の部分にあるとき， $a>0$ ……②

(ⅱ-2) 2次方程式 $f(x)=0$ の判別式を D とおくと，$D>0$ のとき，
$D=(-2a)^2-4\cdot1\cdot(-a+6)=4(a+3)(a-2)>0$

よって，$a<-3,\ 2<a$ ……③

⑦ (i)が欠けているとき

②かつ③より， $a>2$ ……④

ここで，もし，$f(0)\leqq0$ ならば，④かつ $-a+6\leqq0$ より，$a\geqq6$ となり，軸は $x\geqq6$ の範囲にある。また，グラフが下に凸で x 軸と異なる2点で交わることから，頂点の y 座標は負であり，$x<a,\ a<x$ においてそれぞれ単調に減少，増加すること，$f(0)\leqq0$ であることから，$y=f(x)$ のグラフは右のような状態になる。

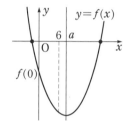

よって，共有点の x 座標，すなわち，$f(x)=0$ の解は0以下と正になる。

つまり，異なる2つの正の解をもたない場合があり，(＊)が実現できない。

④ (ⅱ-1)が欠けているとき

①かつ③より， $a<-3,\ 2<a<6$ ……⑤

ここで，もし，軸が $x\leqq0$ の部分にあるとすれば，⑤かつ $a\leqq0$ より，$a<-3$ となり，軸は $x<-3$ の範囲にある。

また，グラフが下に凸で x 軸と異なる2点で交わることから，頂点の y 座標は負であり，$x<a,\ a<x$ においてそれぞれ単調に減少，増加すること，$f(0)>0$ であることから，$y=f(x)$ のグラフは右のような状態になる。

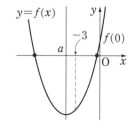

よって，共有点の x 座標，すなわち，$f(x)=0$ の解はともに負になる。

つまり，異なる2つの正の解をもたない場合があり，(＊)が実現できない。

㋓ （ⅱ-2）が欠けているとき

もし，$D \leqq 0$ ならば，$f(x)=0$ の解は1個または0個なので，(＊)が実現できない。

以上により，(ⅰ)，(ⅱ-1)，(ⅱ-2)のどの1つが欠けても(＊)が実現できない。

満たす条件が1つだけでよいことの説明

$f(x)=x^2-ax-2a+6$ とおく。

$y=f(x)$ のグラフがy軸と $y<0$ の部分で交わるとき，

$f(0)=-2a+6<0$ より，$a>3$ となり，軸 $x=\dfrac{a}{2}$ は $x>\dfrac{3}{2}$ の範囲にある。

また，グラフが下に凸なので，(頂点のy座標)$\leqq f(0)<0$ より，頂点のy座標は負であり，$x<\dfrac{a}{2}$，$\dfrac{a}{2}<x$ においてそれぞれ単調に減少，増加すること，$f(0)<0$ であることから，$y=f(x)$ のグラフは右のような状態になる。

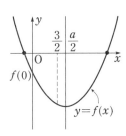

よって，共有点のx座標，すなわち，$f(x)=0$ の解は正と負が1個ずつになる。

よって，満たすべき条件は，

「$y=x^2-ax-2a+6$ のグラフがy軸と $y<0$ の部分で交わる」の1つだけでよい。

■挑戦 7

教科書 **p.187**

2次方程式 $x^2-ax+2a+5=0$ が，1より大きい異なる2つの解をもつような定数aの値の範囲を求めよ。

また，この方程式が，1より大きい解と1より小さい解を1つずつもつような定数aの値の範囲を求めよ。

- -

ガイド $f(x)=x^2-ax+2a+5$ とおき，教科書 p.186～187 の例題1・2と同様にして，$f(1)$，軸の位置，判別式の値などに着目し，$y=f(x)$ のグラフがx軸の $x>1$ の部分と異なる2点で交わる条件を考える。

解答▶ $f(x)=x^2-ax+2a+5$ とおくと，2次関数 $y=f(x)$ のグラフは

下に凸の放物線であり，軸は直線 $x=\dfrac{a}{2}$ である。

　まず，2次方程式 $f(x)=0$ が1より大きい異なる2つの解をもつ

ようなaの値の範囲を求める。

　これは，右の図のように，

$y=f(x)$ のグラフがx軸の $x>1$

の部分と異なる2点で交わるときであり，

次の3つの条件を同時に満たすときである。

　　(i)　$f(1)>0$

　　(ii)　軸が $x>1$ の部分にある。

　　(iii)　$f(x)=0$ の判別式をDとすると，$D>0$

(i)より，　　$f(1)=1^2-a\cdot1+2a+5=a+6>0$

よって，　$a>-6$　……①

(ii)より，　$\dfrac{a}{2}>1$　$a>2$　……②

(iii)より，　$D=(-a)^2-4\cdot1\cdot(2a+5)$
　　　　　　　$=a^2-8a-20$
　　　　　　　$=(a+2)(a-10)>0$

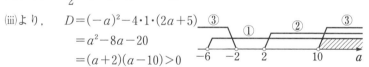

よって，　$a<-2,\ 10<a$　……③

①，②，③を同時に満たすaの値の範囲を求めて，　**$a>10$**

　次に，2次方程式 $f(x)=0$ が1より大きい解と1より小さい解を

1つずつもつようなaの値の範囲を求める。

　これは，右の図のように，$y=f(x)$ のグラフ

がx軸の $x<1$ の部分と $1<x$ の部分でそれ

ぞれx軸と交わるときである。

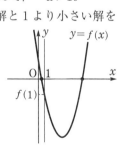

　したがって，$f(1)<0$ であればよい。

　$f(1)=a+6<0$ より，　$a<-6$

　よって，求めるaの値の範囲は，

　　$a<-6$

☑多様性を養おう

2次方程式 $x^2-2ax+4=0$ が，$1<x<3$ の範囲で異なる2つの解をもつような定数aの値の範囲を求めてみよう。

ガイド 2次関数 $y=x^2-2ax+4$ のグラフがx軸の $1<x<3$ の部分と異なる2点で交わる条件を求めればよい。

解答 $f(x)=x^2-2ax+4$ とおくと，

2次関数 $y=f(x)$ のグラフは下に凸の放物線で，軸は直線 $x=a$ である。

2次方程式 $f(x)=0$ が $1<x<3$ で異なる2つの実数解をもつのは，右の図のように，$y=f(x)$ のグラフがx軸の $1<x<3$ の部分と異なる2点で交わるときであり，次の3つの条件を同時に満たすときである。

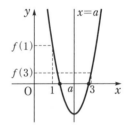

(i) $f(1)>0$，$f(3)>0$

(ii) 軸が $1<x<3$ の部分にある。

(iii) $f(x)=0$ の判別式をDとすると，$D>0$

(i)より，

$$f(1)=-2a+5>0 \qquad a<\frac{5}{2}$$

$$f(3)=-6a+13>0 \qquad a<\frac{13}{6}$$

したがって，$a<\dfrac{13}{6}$ ……①

(ii)より，$1<a<3$ ……②

(iii)より，

$$D=(-2a)^2-4\cdot1\cdot4=4a^2-16$$
$$=4(a^2-4)=4(a+2)(a-2)>0$$

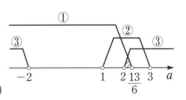

したがって，$a<-2$，$2<a$ ……③

①，②，③を同時に満たすaの値の範囲を求めて，

$$2<a<\frac{13}{6}$$

背理法の応用

挑戦 8
教科書
p.189　正の整数 n に対して，$n+1$ 個のものを n 個の組に分けるとき，2 個以上入っている組が少なくとも 1 つ存在する。
このことを証明せよ。

- -

ガイド　分けた個数が 1 個以下であると仮定し，背理法を用いて矛盾を導く。

解答　$n+1$ 個のものを n 個の組に分けたときのそれぞれの個数を a_1, a_2, $\cdots$, a_n とすると，$a_1+a_2+\cdots+a_n=n+1$ $\cdots$①
である。ここで，a_1, a_2, $\cdots$, a_n がすべて 1 以下であると仮定すると，$a_1 \leqq 1$, $a_2 \leqq 1$, $\cdots$, $a_n \leqq 1$ であるから，辺々加えると，
$a_1+a_2+\cdots+a_n \leqq n$ となるが，これは①に矛盾する。
したがって，a_1, a_2, $\cdots$, a_n の中には 2 以上であるものが存在する。すなわち，$n+1$ 個のものを n 個の組に分けるとき，2 個以上入っている組が少なくとも 1 つ存在する。

注意　**挑戦 8** の命題を，部屋割り論法または鳩の巣原理という。

柔軟性を養おう（課題学習）

教科書
p.189　1 辺が 3 m の正方形の土地に，木をできるだけ多く植えたい。ただし，木と木の幹の中心の間の距離がすべて 1.5 m 以上になるようにする。たとえば，右の図のように植えれば，9 本の木を植えることはできる。
では，条件を満たすように 10 本の木を植えることはできるだろうか。

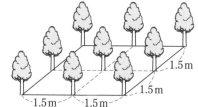

- -

ガイド　前問の鳩の巣原理を応用する問題である。土地を 1 辺が 1 m の正方形 9 つに区切り直して考えてみる。

解答　1 辺が 3 m の正方形の土地に 10 本の木を条件を満たすように植えられたとする。

このとき，この土地を 1 辺が 1 m の正方形である 9 つの区画（周を含む）に分けると，この中には，木を 2 本以上含むような区画が少なくとも 1 つ存在する。

探
究
編

　このような区画において，2つの木の間の距離は対角線の長さである $\sqrt{2}$ m 以下であり，$\sqrt{2}=1.41\cdots$ より，1.5 m より小さくなる。

　これは木と木の間の距離が 1.5 m 以上であることに矛盾する。

　したがって，条件をみたすように 10 本の木を植えることはできない。

三角形の決定

挑戦 9

教科書 **p.191**

四角形 ABCD において，AB＝BC＝CD＝1，∠ABC＝90°，∠DAB＝75° のとき，辺 AD の長さと ∠DCB の大きさを求めよ。

- -

ガイド　まず，右のように，図をかいてみると，△ABC が直角二等辺三角形であることから，AC＝$\sqrt{2}$，∠CAD＝30° であることがわかる。まず，△CDA に正弦定理を用いて，sin∠D の値を求める。

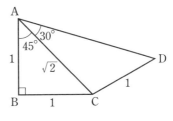

解答　△ABC は直角二等辺三角形であるから，AC＝$\sqrt{2}$ であり，∠DAB＝75°，∠BAC＝45° より，∠CAD＝75°－45°＝30° である。

　　△CDA において，正弦定理により，　$\dfrac{\text{CD}}{\sin\angle\text{CAD}}=\dfrac{\text{CA}}{\sin\angle\text{D}}$

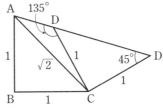

$$\frac{1}{\sin 30°}=\frac{\sqrt{2}}{\sin\angle\text{D}}$$

$$\sin\angle\text{D}=\frac{\sqrt{2}}{2}$$

よって，∠D＝45° または ∠D＝135° である。

　ここで，AD＝x とおく。

∠D＝45° のとき，△CDA において，余弦定理により，

$(\sqrt{2})^2=1^2+x^2-2\cdot 1\cdot x\cdot\cos 45°$　$x^2-\sqrt{2}\,x-1=0$

$x=\dfrac{\sqrt{2}\pm\sqrt{6}}{2}$　$x>0$ より，　$x=\dfrac{\sqrt{6}+\sqrt{2}}{2}$

また，　∠DCB＝360°－(75°＋90°＋45°)＝150°

∠D$=135°$ のとき，△CDA において，余弦定理により，

$(\sqrt{2})^2=1^2+x^2-2\cdot1\cdot x\cdot\cos135°$　　$x^2+\sqrt{2}\,x-1=0$

$x=\dfrac{-\sqrt{2}\pm\sqrt{6}}{2}$　$x>0$ より，　　$x=\dfrac{\sqrt{6}-\sqrt{2}}{2}$

また，　　∠DCB$=360°-(75°+90°+135°)=60°$

以上により，　　AD$=\dfrac{\sqrt{6}+\sqrt{2}}{2}$，∠DCB$=150°$

または，　　AD$=\dfrac{\sqrt{6}-\sqrt{2}}{2}$，∠DCB$=60°$

‖プラスワン‖　余弦定理のみを用いて解くこともできる。

別解　　AD$=x$ とおく。

△CDA において，余弦定理により，

$1^2=x^2+(\sqrt{2})^2-2x\cdot\sqrt{2}\cdot\cos30°$　　$x^2-\sqrt{6}\,x+1=0$

よって，　　$x=\dfrac{\sqrt{6}\pm\sqrt{2}}{2}$

$x=\dfrac{\sqrt{6}+\sqrt{2}}{2}$ のとき，

$(\sqrt{2})^2=1^2+\left(\dfrac{\sqrt{6}+\sqrt{2}}{2}\right)^2-2\cdot1\cdot\dfrac{\sqrt{6}+\sqrt{2}}{2}\cdot\cos∠D$ より，

$(\sqrt{6}+\sqrt{2})\cos∠D=\sqrt{3}+1$

$\cos∠D=\dfrac{\sqrt{3}+1}{\sqrt{2}(\sqrt{3}+1)}=\dfrac{1}{\sqrt{2}}$ なので，　　∠D$=45°$

このとき，∠DCB$=360°-(75°+90°+45°)=150°$

$x=\dfrac{\sqrt{6}-\sqrt{2}}{2}$ のとき，

$(\sqrt{2})^2=1^2+\left(\dfrac{\sqrt{6}-\sqrt{2}}{2}\right)^2-2\cdot1\cdot\dfrac{\sqrt{6}-\sqrt{2}}{2}\cdot\cos∠D$ より，

$(\sqrt{6}-\sqrt{2})\cos∠D=-\sqrt{3}+1$

$\cos∠D=-\dfrac{\sqrt{3}-1}{\sqrt{2}(\sqrt{3}-1)}=-\dfrac{1}{\sqrt{2}}$ なので，　　∠D$=135°$

このとき，∠DCB$=360°-(75°+90°+135°)=60°$

以上により，　　AD$=\dfrac{\sqrt{6}+\sqrt{2}}{2}$，　∠DCB$=150°$

または，　　AD$=\dfrac{\sqrt{6}-\sqrt{2}}{2}$，　∠DCB$=60°$

探究編

□ 柔軟性を養おう （課題学習）

教科書 **p.191** △ABC において，その形が 2 通りになるのは，辺の長さと角の大きさが
どのように定められているときか考えてみよう。

- -

ガイド 三角形の合同条件と同じ組み合わせで
辺や角が与えられたときには三角形は 1
つに定まる。そこで，2 辺と間にない 1
つの角が与えられた場合を考えると，右
の図のように，三角形が定まらない場合
があることがわかる。この図のような状

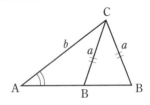

態になるのは具体的にはどのような場合なのかを，余弦定理を用いて，
2 次方程式の解の範囲の問題に帰着させて考えていく。

解答 △ABC において，BC$=a$，CA$=b$，
∠A$=\theta$ とおくとき，AB$=x$ となる x
の値が 2 つ存在するような条件を求めれ
ばよい。

まず，三角形が存在する条件から，
$|a-b|<x<a+b$ ……①
次に余弦定理により，　$a^2=b^2+x^2-2bx\cos\theta$
$x^2-2xb\cos\theta+b^2-a^2=0$ ……②

この 2 次方程式が①の範囲に異なる 2 つの解をもつ条件は，
$f(x)=x^2-2xb\cos\theta+b^2-a^2$ とおき，$y=f(x)$ のグラフを考えると，
次の 3 つが同時に成り立つことである。

(Ⅰ)　$f(|a-b|)>0$ かつ $f(a+b)>0$

(Ⅱ)　グラフの軸が①の範囲にある。

(Ⅲ)　②の判別式を D とすると，　$D>0$

まず，(Ⅱ)より，　$|a-b|<b\cos\theta<a+b$
$|a-b|\geqq0$ より，$b\cos\theta>0$ なので，　$\cos\theta>0$
よって，θ は鋭角である。　……③
また，$\cos\theta<1$ より，$b\cos\theta<a+b$ は成立する。
次に，(Ⅰ)より，$f(|a-b|)>0$ だから，
$|a-b|^2-2|a-b|\cdot b\cos\theta+b^2-a^2>0$
$2b^2-2ab>2b|a-b|\cos\theta$　$b-a>|a-b|\cos\theta$

よって，$|a-b|\geqq 0$ と③より，　$b-a>0$

すなわち，　$b>a$　……④

また，$f(a+b)=(a+b)^2-2(a+b)b\cos\theta+b^2-a^2$

$$=2ab+2b^2-2b(a+b)\cos\theta$$

$$=2b(a+b)(1-\cos\theta)$$

よって，$\cos\theta<1$ より，$1-\cos\theta>0$ なので，$f(a+b)>0$ は成立する。

さらに，(Ⅲ)より，　$D=(-2b\cos\theta)^2-4(b^2-a^2)$

$$=4b^2(\cos^2\theta-1)+4a^2>0$$

だから，　$a^2>b^2(1-\cos^2\theta)$　　$a^2>b^2\sin^2\theta$

すなわち，　$a>b\sin\theta$　……⑤

③，④，⑤より，次のことがいえる。

△ABC において，その形が 2 通りになるのは，辺の長さと角の大きさが，「BC$=a$，CA$=b$，$\angle$A が鋭角，$b\sin\angle$A$<a<b$」となるように与えられたときである。

⚠️**注意**　$|a-b|^2=(a-b)^2=a^2-2ab+b^2$ である。

⚠️**注意**　三角形で，1 辺と 2 つの角が与えられたとき，2 つの角が辺をはさんでいなくても，もう 1 つの角は自動的に定まるので，「1 辺と両端の角がそれぞれ等しい」が成り立ち，三角形が決まる。

三角形分割に基づく図形の面積

挑戦10　円に内接する四角形 ABCD がある。AB$=$BC$=2$，CD$=3$，DA$=4$ で

教科書 **p.193**　あるとき，四角形 ABCD の面積 S を求めよ。

ガイド　円に内接する四角形の対角の和は $180°$ だから，$\angle$BAD$=\theta$ とおくと，$\angle$BCD$=180°-\theta$ となる。△ABD，△BCD にそれぞれ余弦定理を用いて，BD^2 を 2 通りに表す。

解答　$\angle$BAD$=\theta$ とおく。

四角形 ABCD は円に内接するから，

$\angle$BCD$=180°-\theta$

△ABD において，余弦定理により，

BD$^2=2^2+4^2-2\cdot2\cdot4\cdot\cos\theta$

$$=20-16\cos\theta$$　……①

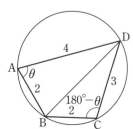

△BCD において，余弦定理により，

$$BD^2 = 2^2 + 3^2 - 2 \cdot 2 \cdot 3 \cdot \cos(180° - \theta)$$
$$= 13 + 12\cos\theta \quad \cdots\cdots ②$$

①，②より，　$20 - 16\cos\theta = 13 + 12\cos\theta$　　$\cos\theta = \dfrac{1}{4}$

ここで，$0° < \theta < 180°$ より，$\sin\theta > 0$ であるから，

$$\sin\theta = \sqrt{1 - \left(\dfrac{1}{4}\right)^2} = \dfrac{\sqrt{15}}{4}$$

また，　$\sin(180° - \theta) = \sin\theta$

よって，求める面積 S は，

$$S = \triangle ABD + \triangle BCD = \dfrac{1}{2} \cdot 2 \cdot 4 \cdot \sin\theta + \dfrac{1}{2} \cdot 2 \cdot 3 \cdot \sin(180° - \theta)$$

$$= 7\sin\theta = \dfrac{7\sqrt{15}}{4}$$

☐ 多様性を養おう （課題学習）

教科書
p.193 　△ABC において，AB=6，AC=4，∠BAC=60° とする。∠A の
二等分線と辺 BC の交点を D とするとき，線分 AD の長さを求め
てみよう。

　上の例を，教科書とは別の解き方で解いてみよう。

　そして，教科書の解き方と比べてみよう。

ガイド 幾何の問題ではいろいろな解き方がある。本問の場合には，たとえ
ば，余弦定理を繰り返し用いる方法や，補助線を引き，相似を利用す
る方法などがある。

　なお，以下の［別解 1］，［別解 2］では，次
のことを用いている。

　右の図で，AD が ∠A の二等分線である
とき，

　　AB：AC＝BD：DC

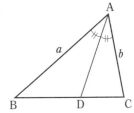

解答 ［別解1］

△ABC において，余弦定理により，

$BC^2 = 6^2 + 4^2 - 2 \cdot 6 \cdot 4 \cdot \cos 60° = 28$

$BC > 0$ より，　$BC = 2\sqrt{7}$

ここで，$BD : DC = AB : AC$

　　　　　　$= 6 : 4 = 3 : 2$

であるから，　$DC = \dfrac{2}{3+2} BC = \dfrac{2}{5} \cdot 2\sqrt{7} = \dfrac{4\sqrt{7}}{5}$

$AD = x$ とおくと，△ACD において，余弦定理により，

$$4^2 + x^2 - 2 \cdot 4 \cdot x \cdot \cos 30° = \left(\dfrac{4\sqrt{7}}{5}\right)^2$$

$$x^2 - 4\sqrt{3}\,x + 16 = \dfrac{112}{25} \qquad 25x^2 - 100\sqrt{3}\,x + 288 = 0$$

これを解くと，

$$x = \dfrac{50\sqrt{3} \pm \sqrt{50^2 \cdot 3 - 25 \cdot 288}}{25}$$

$$= \dfrac{50\sqrt{3} \pm \sqrt{25(2 \cdot 50 \cdot 3 - 288)}}{25} = \dfrac{50\sqrt{3} \pm 10\sqrt{3}}{25}$$

すなわち，　$x = \dfrac{12\sqrt{3}}{5}, \dfrac{8\sqrt{3}}{5}$ ……①

ここで，辺 AB 上に AE = 4 となる点E
をとり，線分 EC，AD の交点をFとする
と，2つの線分は垂直に交わるので，

　　$AF = 4\cos 30° = 2\sqrt{3}$

$AD > AF = 2\sqrt{3}$ より，①のうち適する
のは $x = \dfrac{12\sqrt{3}}{5}$ である。

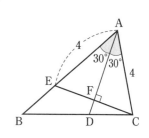

したがって，　$AD = \dfrac{12\sqrt{3}}{5}$

［別解2］

辺 AB 上に AG = 4 となる点Gをとり，
線分 GC，AD の交点をHとする。また，
点Dを通り，GC に平行な直線と辺 AB と
の交点をIとする。AH⊥GC より，

　　$AH = 4\cos 30° = 2\sqrt{3}$ ……②

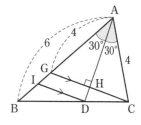

BD：DC＝AB：AC＝6：4＝3：2 で，ID∥GC であるから，
BI：IG＝BD：DC＝3：2

よって，$GI=\dfrac{2}{3+2}GB=\dfrac{2}{5}\cdot2=\dfrac{4}{5}$ より，　$AI=4+\dfrac{4}{5}=\dfrac{24}{5}$

したがって，$AH：AD＝AG：AI＝4：\dfrac{24}{5}=5：6$

なので，②より，　$2\sqrt{3}：AD＝5：6$　　$AD=\dfrac{12\sqrt{3}}{5}$

[別解1]は，教科書の解き方と比べると計算が煩雑で，さらに，2次方程式の解の吟味をしなければならないなど，全体的にプロセスが多く面倒である。

[別解2]は，計算量は教科書の解き方と比べてもあまり多くはないが，補助線の引き方が少し思いつきにくい。

⚠注意 [別解1]や[別解2]はあくまでも例であり，他の解法も考えられる。また，解法の比較については，どの解法が解きやすいかは，その人の適性などによって，感じ方に個人差がある。

空間図形における測量

■挑戦11　右の図のように，1辺の長さが6 m の正四面体の形をした物体 ABCD が地面に沈み込んでいる。

教科書
p.195

AE の長さを測ると4 m であった。

辺 BC の中点を M，∠AME＝α とするとき，次の問いに答えよ。

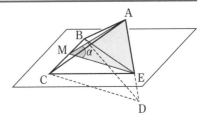

(1)　CE の長さを求めよ。

(2)　$\cos\alpha$ を求めよ。

(3)　この物体が地面に沈み込んでいる角度は何度か。およその値を求めよ。

- -

ガイド　(1)　△ACE に余弦定理を用いる。

(2)　三平方の定理で ME の長さを求めてから，△AME に余弦定理を用いる。

(3) 「地面に沈み込んでいる角度」とは，∠DME の大きさのことである。まず，cos∠AMD の値を求め，これと cosα の値をそれぞれ小数で表し，三角比の表を利用する。

解答 (1) △ACE において，余弦定理により，
$$CE^2 = 6^2 + 4^2 - 2 \cdot 6 \cdot 4 \cos 60° = 28$$
CE > 0 より，　CE = **$2\sqrt{7}$**

(2) CM = 3，CM⊥EM より，△CEM で，
$$EM = \sqrt{(2\sqrt{7})^2 - 3^2} = \sqrt{19}$$
これと AM = $3\sqrt{3}$，AE = 4 より，△AME において，余弦定理により，
$$\cos\alpha = \frac{(3\sqrt{3})^2 + (\sqrt{19})^2 - 4^2}{2 \cdot 3\sqrt{3} \cdot \sqrt{19}} = \frac{5}{\sqrt{57}} = \frac{5\sqrt{57}}{57}$$

(3) 求めるものは ∠DME の大きさである。
AM = DM = $3\sqrt{3}$，AD = 6 より，△AMD において，余弦定理により，
$$\cos\angle AMD = \frac{(3\sqrt{3})^2 + (3\sqrt{3})^2 - 6^2}{2 \cdot 3\sqrt{3} \cdot 3\sqrt{3}} = \frac{1}{3}$$
$$\cos\angle AMD = \frac{1}{3} = 0.3333\cdots, \quad \cos\alpha = \frac{5\sqrt{57}}{57} = 0.6622\cdots$$
であるから，三角比の表により，
$$\angle AMD ≒ 71°, \quad \alpha ≒ 49°$$
よって，71° − 49° = 22° より，∠DME の大きさは**およそ 22°** である。

□**独創性を養おう** （課題学習）

教科書 **p.195** 地球上の 2 点 A，B はそれぞれ北緯 45° 上にあり，点 A は東経 10°，点 B は東経 70° である。地球を，半径が $R = 6400$ km の球とみなして，2 点 A，B 間の最短距離 ℓ を考えてみよう。

ガイド まず，状況を把握するために図をかいてみる。地球の中心を O とすると，北緯 45° であるとは，赤道上のある地点から O を中心として 45° 上に回転した地点にあるということである。また，このような点の 1 つを通り，赤道を含む円と平行な平面と地球が交わってできる円の中心を C とすると，東経 70° と東経 10° の差 60° は，∠ACB の大きさを表している。

解答▶　地球の中心をOとし，赤道を含む円の
半径OPの端点Pを，点Oを中心として
45°上に回転した点をQとする。点Qを
通り赤道を含む円と平行な平面と地球と
が交わってできる円をSとすると，北緯
45°上の2点A，Bは円S上にあり，こ
の円の中心をCとすると，$70°-10°=60°$
より，$\angle ACB=60°$ である。

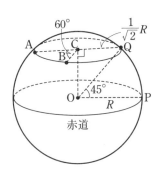

円Sの半径は，$\dfrac{1}{\sqrt{2}}R$ であり，△CABは正三角形なので，

$AB=\dfrac{1}{\sqrt{2}}R$ である。

　ここで，求める最短距離 ℓ は扇形OABの
$\overset{\frown}{AB}$ の長さである。

　△OABにおいて，$\angle AOB=\theta$ とすると，
余弦定理により，

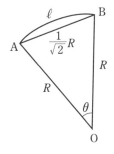

$$\cos\theta=\dfrac{R^2+R^2-\left(\dfrac{1}{\sqrt{2}}R\right)^2}{2\cdot R\cdot R}=\dfrac{3}{4}=0.75$$

よって，　$\theta\fallingdotseq 41.4°$

したがって，$\ell\fallingdotseq 2\pi R\cdot\dfrac{41.4}{360}$

$$=2\cdot 3.14\cdot 6400\cdot\dfrac{41.4}{360}=4622.08$$

小数第一位を四捨五入すると，**約 4622 km**

緯度と経度がわかれば，地球上
の2つの地点の地球の表面上で
の距離が求められるね。

⚠注意　三角比の表より，$\theta\fallingdotseq 41°$ とすると，

$$\ell\fallingdotseq 2\pi R\cdot\dfrac{41}{360}=4577.42\cdots$$

よって，**約 4577 km**

データの散らばり具合の指標

挑戦12 n を 3 以上の整数とする。変量 x の n 個のデータの値 $x_1,\ x_2,\ \cdots\cdots,\ x_n$

教科書
p.197 から定まる関数 $g(p)=\dfrac{1}{n}\{|x_1-p|+|x_2-p|+\cdots\cdots+|x_n-p|\}$ は，必ずし

も $p=\bar{x}$ で最小値をとるとは限らないことを証明せよ。

ガイド $p=\bar{x}$ で最小値をとらないようなデータの例（反例）を見つければ
よい。極端な分布のデータを考えるとよい。

解答 $n=8$ とし，$x_1=x_2=\cdots\cdots=x_7=1,\ x_8=9$ とすると，

$$\bar{x}=\frac{1\cdot7+9}{8}=2 \text{ である。}$$

このとき，　$g(p)=\dfrac{1}{8}\{|x_1-p|+|x_2-p|+\cdots\cdots+|x_8-p|\}$

$$=\frac{1}{8}\{7|1-p|+|9-p|\}$$

において，　$g(2)=\dfrac{1}{8}(7\cdot1+7)=\dfrac{7}{4}$,

$$g(1)=\frac{1}{8}(7\cdot0+8)=1$$

より，$g(2)>g(1)$ であり，$g(2)$ は最小値ではない。

したがって，関数 $g(p)$ は，必ずしも $p=\bar{x}$ で最小値をとるとは限らない。

プラスワン **解答** で設定した関数

$$g(p)=\frac{1}{8}\{7|1-p|+|9-p|\}=\frac{1}{8}\{7|p-1|+|p-9|\}$$

において，$h(p)=7|p-1|+|p-9|$ とおく。このとき，$h(p)$ を場合分
けをして表すと，次のようになる。

$$h(p)=\begin{cases}-8p+16 & (p<1)\\ 6p+2 & (1\leqq p<9)\\ 8p-16 & (9\leqq p)\end{cases}$$

したがって，$q=h(p)$ のグラフをかけば，次のようになる。

探
究
編

このグラフから，$h(p)$（つまり，$g(p)$）
は $p=\bar{x}=2$ では最小値をとらず，$p=1$
で最小値をとることがわかる。

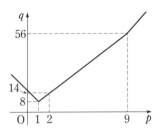

□柔軟性を養おう （課題学習）

これまで，データ全体の傾向を表す代表値として平均値や中央値，最頻値
があることや，データの散らばり具合を表す指標として分散や四分位範
囲があることを学んできた。
　平均値や分散は，データの分布がほぼ対称である場合に用いられること
が多い。これに対し，データの分布が非対称である場合には，代表値とし
て平均値よりも中央値や最頻値の方が適切であったり，散らばり具合の
指標として分散よりも四分位範囲の方が適切であったりすることもある。
そのような例を考えてみよう。

- -

ガイド　データの分布が非対称であったり，外れ値が存在したりすると，代
表値として平均値を用いることや，散らばり具合の指標として，分散
（標準偏差）を用いることが適切でない場合がある。特に，データの数
が多くない場合は，平均値や分散は外れ値の存在に大きく影響を受け
る。これらのことを踏まえて，たとえば，次のようにデータを設定す
るとよい。

- データの分布が非対称で，データの数は多くない。
- 極端な外れ値が存在する。また，第3四分位数以降のデータの値
  が大きくなる。

なお，データの分布がほぼ対称である場合には，
（平均値）−（標準偏差）から平均値までの区間や，平均値から
（平均値）＋（標準偏差）までの区間にはある程度のデータが含まれてい
る。したがって，分散（標準偏差）については，このこととの比較を考
えるとよい。

解答▶　(例)

　20 人の生徒がある難関大学の模擬試験を受験した。この 20 人の数学 (200 点満点) の成績は次のようになった。

　0, 5, 5, 9, 12, 12, 16, 18, 20, 24, 24, 25, 25, 27, 32, 36, 55, 70, 190, 195　(単位：点)

　また、このデータから 5 数要約、四分位範囲、平均値、分散、標準偏差、最頻値を求めると、右のようになる。

　ただし、最頻値は、データを階級の幅を 10 点として度数分布表に整理したときの度数が最も大きい階級の階級値として求めている。

　また、その度数分布表をヒストグラムに表したものは下図のようになる。

最小値	0
Q_1	12
中央値	24
Q_3	34
最大値	195
四分位範囲	22
平均値	40
分散	2845
標準偏差	53.3
最頻値	25

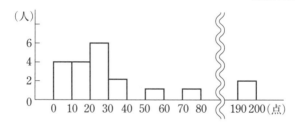

　このデータの平均値は 40 点であるが、40 点以上 50 点未満の階級にはデータが含まれておらず、また、40 より値が大きいデータの数も少ない。一方、中央値は 24 点であり、20 点以上 30 点未満の階級の度数は 6 で、中央値の前後のデータの個数も同じなので、代表値としては、中央値の方が適切である。また、最頻値の 25 点は度数が最も大きい階級の階級値であるから、やはり、平均値よりは最頻値の方が適切である。次に、標準偏差は約 53 であるが、40 点から (40＋53＝) 93 点までの区間に含まれるデータの数が平均点以下のデータの数に比べて極端に少なく、データの散らばり具合を表す数値として適切とはいえない。第 1 四分位数から第 3 四分位数までの区間には安定して全体の約 50 % のデータが含まれていることから、データの散らばり具合を表す数値としては、標準偏差やその平方である分散よりも四分位範囲の方が適している。

⚠️注意 190点や195点は明らかに極端な外れ値であり、このような値の扱い方については，「外れ値を除外する」，「外れ値を含めた場合，除外した場合の両方のデータを検討する」など，様々な考え方がある。

⚠️注意 自分でデータを設定する場合でも，インターネット等で検索したデータを利用する場合でも，平均や分散の計算は大変になるので，適切に表計算ソフトなどを利用するとよい。

PPDAC サイクルの利用

挑戦13 気温とアイスクリームの売り上げの間の直線的な関係は，大阪市以外の他の都市でも見られるだろうか。自分の住む市区町村など，他の都市における日ごとの最高気温の平均 x (℃) と，各世帯1か月あたりのアイスクリームの支出 y (円) を調べ，それらの関係を分析せよ。

教科書 **p.199**

- -

ガイド 適当なデータをもとに，散布図をかいて相関関係を予測し，そのことを相関係数を求めて確認するという流れにするとよい。

解答 (例)

2018年の名古屋市の日ごとの最高気温の平均 x (℃) と，各世帯1か月あたりのアイスクリームの支出 y (円) を月別にまとめると，右の表のようになる。

月	x (℃)	y (円)
1月	8.5	634
2月	9.9	454
3月	17.4	720
4月	22.4	940
5月	24.8	962
6月	28.1	1153
7月	34.4	1528
8月	35.3	1593
9月	27.7	1114
10月	23.9	804
11月	18.7	584
12月	12.3	625

　　このデータをもとに散布図
をかくと右のようになり，x
が増加すると y も増加する傾
向が明らかに読み取れるので，
2 つの変量 x と y の間には，
強い正の相関関係があること
が考えられる。

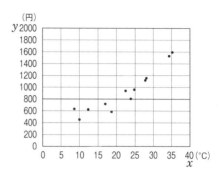

　　実際に相関係数を求めると，
$r \fallingdotseq 0.93$ であるから，気温と
アイスクリームの売り上げとの間には強い正の相関関係（強い直線的
な関係）があることがわかる。

⚠️**注意**　実在するデータを使用する場合は，相関係数の計算は大変になるの
　　　　で，表計算ソフトなどを利用するとよい。なお，**解答** の 2018 年の
　　　　名古屋市のデータは教科書 p.167 の章末問題 **5** と同じものである。

▱多様性を養おう（課題学習）

教科書
p.199　教科書 198 ページの図において，横軸の箱ひげ図は中央値に関してほぼ
　　　　対称であり，縦軸の箱ひげ図は上にひげが長い。このことから，日ごとの
　　　　最高気温の平均が第 3 四分位数の 27.75℃ より大きくなると，各世帯 1
　　　　か月あたりのアイスクリームの支出の増え方が大きくなることが予想さ
　　　　れる。これは正しいだろうか。他の都市のデータを使って調べよう。

ガイド　まず，データから 5 数要約を求める。次に，散布図上で，x 座標，y
　　　　座標が第 3 四分位数の組となるような点 P を設定し，x 座標が最小，
　　　　最大である点をそれぞれ Q，R として，直線 QP，PR の傾きを比較す
　　　　ることにより，結論を導くとよい。

解答　（例）
　　　　前ページの **挑戦 13** の **解答** と同じく，2018 年の名古屋市のデータ
　　　　を用いる。日ごと最高気温の平均 x（℃），各世帯 1 か月あたりのアイ
　　　　スクリームの支出 y（円）の 5 数要約を求めると，次のようになる。

探
究
編

	x の 5 数要約	y の 5 数要約
最小値	8.5	454
第 1 四分位数	14.85	629.5
中央値	23.15	872
第 3 四分位数	27.9	1133.5
最大値	35.3	1593

　散布図上に第 3 四分位数の組を座標とする点 P(27.9, 1133.5) をとる。

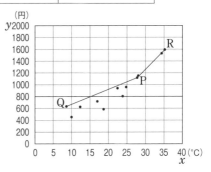

　また，日ごとの最高気温の平均の最小値に対応する点，つまり，x 座標が最小である点を Q，日ごとの最高気温の最大値に対応する点，つまり，x 座標が最大である点を R とする。

　このとき，Q(8.5, 634)，R(35.3, 1593) であり，直線 QP，PR の傾きは，それぞれ

$$\text{QP} \cdots \frac{1133.5 - 634}{27.9 - 8.5} = \frac{499.5}{19.4} = 25.7 \cdots = 26$$

$$\text{PR} \cdots \frac{1593 - 1133.5}{35.3 - 27.9} = \frac{459.5}{7.4} = 62.0 \cdots = 62$$

なので，名古屋市においても，日ごとの最高気温の平均が第 3 四分位数より大きくなると，各世帯 1 か月あたりのアイスクリームの支出の増え方が大きくなることが予想される。

⚠️注意　調査するデータによっては，大阪市や名古屋市とは状況が異なる可能性もあるが，判断の規準となる根拠がきちんと示されていることが重要であり，どのような結論になっていても構わない。

◆ 重要事項・公式

数と式

▶**指数法則**
m, n が正の整数のとき,
$$a^m \times a^n = a^{m+n}, \quad (a^m)^n = a^{mn}$$
$$(ab)^n = a^n b^n$$

▶**乗法公式 ↔ 因数分解の公式**
$$(a+b)^2 = a^2 + 2ab + b^2$$
$$(a-b)^2 = a^2 - 2ab + b^2$$
$$(a+b)(a-b) = a^2 - b^2$$
$$(x+a)(x+b) = x^2 + (a+b)x + ab$$
$$(ax+b)(cx+d) = acx^2 + (ad+bc)x + bd$$
$$(a+b+c)^2 = a^2 + b^2 + c^2 + 2ab + 2bc + 2ca$$

▶**実　数**
$ab=0$ ならば, $a=0$　または　$b=0$

▶**絶対値**
$a \geqq 0$ のとき, $|a| = a$
$a < 0$ のとき, $|a| = -a$

▶**平方根**
■ $\sqrt{a^2} = |a|$
■ $a>0$, $b>0$ のとき,
$$\sqrt{a}\sqrt{b} = \sqrt{ab}, \quad \frac{\sqrt{a}}{\sqrt{b}} = \sqrt{\frac{a}{b}}$$
■ $k>0$, $a>0$ のとき, $\sqrt{k^2 a} = k\sqrt{a}$
■ 分母の有理化
$$\frac{b}{\sqrt{a}} = \frac{b\sqrt{a}}{a}, \quad \frac{1}{\sqrt{a}+\sqrt{b}} = \frac{\sqrt{a}-\sqrt{b}}{a-b}$$

▶**2重根号（発展）**
■ $a>0$, $b>0$ のとき,
$$\sqrt{a+b+2\sqrt{ab}} = \sqrt{a} + \sqrt{b}$$
■ $a>b>0$ のとき,
$$\sqrt{a+b-2\sqrt{ab}} = \sqrt{a} - \sqrt{b}$$

▶**不等式の性質**
$a<b$ かつ $b<c$ ならば, $a<c$
$a<b$ ならば, $a+c<b+c$, $a-c<b-c$
$a<b$, $m>0$ ならば, $ma<mb$, $\dfrac{a}{m} < \dfrac{b}{m}$

$a<b$, $m<0$ ならば, $ma>mb$, $\dfrac{a}{m} > \dfrac{b}{m}$

2次関数

▶**2次関数 $y=a(x-p)^2+q$ のグラフ**
■ $y=ax^2$ のグラフを x 軸方向に p,
y 軸方向に q だけ平行移動した放物線
■ 軸は直線 $x=p$, 頂点は点 (p, q)

▶**2次関数 $y=ax^2+bx+c$ のグラフ**
■ $y=ax^2$ のグラフを平行移動した放物線
■ 軸は　直線 $x = -\dfrac{b}{2a}$
■ 頂点は　点 $\left(-\dfrac{b}{2a}, \ -\dfrac{b^2-4ac}{4a} \right)$
■ $a>0$ のとき下に凸, $a<0$ のとき上に凸

▶**2次関数 $y=a(x-p)^2+q$ の最大・最小**
$a>0$ のとき　$x=p$ で, 最小値 q をとり,
最大値はない。
$a<0$ のとき　$x=p$ で, 最大値 q をとり,
最小値はない。

▶**2次方程式の解の公式**
■ $ax^2+bx+c=0$ $(a \neq 0)$ の解は,
$b^2-4ac \geqq 0$ のとき, $x = \dfrac{-b \pm \sqrt{b^2-4ac}}{2a}$
■ $ax^2+2b'x+c=0$ $(a \neq 0)$ の解は,
$b'^2-ac \geqq 0$ のとき, $x = \dfrac{-b' \pm \sqrt{b'^2-ac}}{a}$

▶**2次方程式 $ax^2+bx+c=0$ の実数解の個数**
判別式を $D=b^2-4ac$ とすると,
$D>0 \iff$ 異なる2つの実数解をもつ
$D=0 \iff$ 1つの実数解（重解）をもつ
$D<0 \iff$ 実数解をもたない

▶**2次関数のグラフと x 軸との位置関係**
$y=ax^2+bx+c$ のグラフと x 軸との位置関係は, $D=b^2-4ac$ の符号で決まる。
$D>0 \iff$ 異なる2点で交わる
$D=0 \iff$ 接する
$D<0 \iff$ 共有点をもたない

238

▶2次不等式の解
- $a>0$, $D=b^2-4ac>0$ のとき，$ax^2+bx+c=0$ の異なる2つの実数解を α, β $(\alpha<\beta)$ とすると，
  - $ax^2+bx+c>0$ の解　$x<\alpha$, $\beta<x$
  - $ax^2+bx+c<0$ の解　$\alpha<x<\beta$
- $a>0$, $D=b^2-4ac=0$ のとき，$ax^2+bx+c=0$ の重解を α とすると，
  - $ax^2+bx+c>0$ の解　α 以外のすべての実数
  - $ax^2+bx+c\geqq0$ の解　すべての実数
  - $ax^2+bx+c<0$ の解　解はない
  - $ax^2+bx+c\leqq0$ の解　$x=\alpha$
- $a>0$, $D=b^2-4ac<0$ のとき，
  - $ax^2+bx+c>0$ の解　すべての実数
  - $ax^2+bx+c\geqq0$ の解　すべての実数
  - $ax^2+bx+c<0$ の解　解はない
  - $ax^2+bx+c\leqq0$ の解　解はない

集合と命題

▶集合
$A\subset B\cdots x\in A$ ならば $x\in B$
$A=B\cdots A\subset B$ かつ $B\subset A$
$A\cap B=\{x|x\in A$ かつ $x\in B\}$
$A\cup B=\{x|x\in A$ または $x\in B\}$

▶補集合の性質　$A\cup\overline{A}=U$, $A\cap\overline{A}=\varnothing$

▶ド・モルガンの法則
$\overline{A\cup B}=\overline{A}\cap\overline{B}$, $\overline{A\cap B}=\overline{A}\cup\overline{B}$

▶必要条件・十分条件
- $p\Longrightarrow q$ が真であるとき，
  p は，q であるための十分条件
  q は，p であるための必要条件
- $p\Longleftrightarrow q$ が真であるとき，
  p は，q であるための必要十分条件
  p と q は同値

▶命題に関するド・モルガンの法則
- $\overline{p\text{ かつ }q}\Longleftrightarrow\overline{p}\text{ または }\overline{q}$
- $\overline{p\text{ または }q}\Longleftrightarrow\overline{p}\text{ かつ }\overline{q}$

▶命題「$p\Longrightarrow q$」の逆，裏，対偶

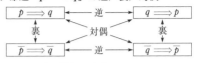

▶命題の逆と対偶の真偽
- 命題「$p\Longrightarrow q$」が真であっても，その逆「$q\Longrightarrow p$」は真であるとは限らない。
- 命題「$p\Longrightarrow q$」とその対偶「$\overline{q}\Longrightarrow\overline{p}$」の真偽は一致する。

▶背理法
ある命題に対して，その命題が成り立たないと仮定して矛盾が生じることを示し，その命題を証明する方法

図形と計量

▶三角比

$\sin A=\dfrac{a}{c}$, $a=c\sin A$
$\cos A=\dfrac{b}{c}$, $b=c\cos A$
$\tan A=\dfrac{a}{b}$, $a=b\tan A$

▶$90°-A$ の三角比
$\sin(90°-A)=\cos A$
$\cos(90°-A)=\sin A$
$\tan(90°-A)=\dfrac{1}{\tan A}$

▶$0°\leqq\theta\leqq180°$ の三角比

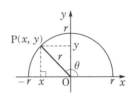

$\sin\theta=\dfrac{y}{r}$
$\cos\theta=\dfrac{x}{r}$
$\tan\theta=\dfrac{y}{x}$
$(\theta\neq90°)$

▶$180°-\theta$ の三角比
$\sin(180°-\theta)=\sin\theta$
$\cos(180°-\theta)=-\cos\theta$
$\tan(180°-\theta)=-\tan\theta$

▶三角比の相互関係
$\tan\theta=\dfrac{\sin\theta}{\cos\theta}$

$$\sin^2\theta + \cos^2\theta = 1$$
$$1 + \tan^2\theta = \frac{1}{\cos^2\theta}$$

▶**直線の傾きと正接**

直線 $y = mx$ と x 軸の正の向きとのなす角を θ とすると，$m = \tan\theta$

▶**正弦定理**

$\triangle ABC$ において，

$$\frac{a}{\sin A} = \frac{b}{\sin B} = \frac{c}{\sin C} = 2R$$

（R は $\triangle ABC$ の外接円の半径）

▶**余弦定理**

$\triangle ABC$ において，

$$a^2 = b^2 + c^2 - 2bc\cos A$$
$$b^2 = c^2 + a^2 - 2ca\cos B$$
$$c^2 = a^2 + b^2 - 2ab\cos C$$
$$\cos A = \frac{b^2 + c^2 - a^2}{2bc}$$
$$\cos B = \frac{c^2 + a^2 - b^2}{2ca}$$
$$\cos C = \frac{a^2 + b^2 - c^2}{2ab}$$

▶**鋭角，直角，鈍角の判定**

A が鋭角 $\iff b^2 + c^2 > a^2$
A が直角 $\iff b^2 + c^2 = a^2$
A が鈍角 $\iff b^2 + c^2 < a^2$

▶**三角形の面積**

$\triangle ABC$ の面積を S とすると，

$$S = \frac{1}{2}bc\sin A = \frac{1}{2}ca\sin B = \frac{1}{2}ab\sin C$$

▶**三角形の内接円**

3辺の長さが a, b, c である $\triangle ABC$ の内接円の半径を r とすると $\triangle ABC$ の面積 S は，$S = \frac{1}{2}(a+b+c)r$, $r = \frac{2S}{a+b+c}$

▶**ヘロンの公式（発展）**

$\triangle ABC$ において，面積を S, 3辺の和を $a+b+c = 2s$ とすると，

$$S = \sqrt{s(s-a)(s-b)(s-c)}$$

データの分析

▶**四分位数**

・データの個数が奇数の場合

最小値　　　　　　　　　最大値

第1四分位数　中央値　第3四分位数
（第2四分位数）

・データの個数が偶数の場合

最小値　　　　　　　　　最大値

第1四分位数　中央値　第3四分位数
（第2四分位数）

▶**5数要約**

3つの四分位数と最小値，最大値の5つの数値

▶**範囲と四分位範囲**

範囲＝最大値－最小値
四分位範囲＝第3四分位数－第1四分位数

▶**外れ値**

第1四分位数を Q_1，第3四分位数を Q_3 とすると，
外れ値 $\geq Q_3 + 1.5 \times (Q_3 - Q_1)$
外れ値 $\leq Q_1 - 1.5 \times (Q_3 - Q_1)$

▶**分散と標準偏差**

■ 偏差　各データと平均値との差
■ 分散　偏差の2乗の平均値
■ 標準偏差　分散の正の平方根

▶**相関係数**

変量 x, y について，
■ 共分散　x, y それぞれの偏差の積の平均値
■ 相関係数　共分散を x の標準偏差と y の標準偏差で割った値

▶**仮説検定**

ある仮説を立て，その仮説が正しいか否かを実験や調査に基づき判断する統計的手法

▶**帰無仮説**

仮説検定において，棄却されることを予想して立てた仮説

三 角 比 の 表

角	正 弦 (sin)	余 弦 (cos)	正 接 (tan)	角	正 弦 (sin)	余 弦 (cos)	正 接 (tan)
0°	0.0000	1.0000	0.0000	45°	0.7071	0.7071	1.0000
1°	0.0175	0.9998	0.0175	46°	0.7193	0.6947	1.0355
2°	0.0349	0.9994	0.0349	47°	0.7314	0.6820	1.0724
3°	0.0523	0.9986	0.0524	48°	0.7431	0.6691	1.1106
4°	0.0698	0.9976	0.0699	49°	0.7547	0.6561	1.1504
5°	0.0872	0.9962	0.0875	50°	0.7660	0.6428	1.1918
6°	0.1045	0.9945	0.1051	51°	0.7771	0.6293	1.2349
7°	0.1219	0.9925	0.1228	52°	0.7880	0.6157	1.2799
8°	0.1392	0.9903	0.1405	53°	0.7986	0.6018	1.3270
9°	0.1564	0.9877	0.1584	54°	0.8090	0.5878	1.3764
10°	0.1736	0.9848	0.1763	55°	0.8192	0.5736	1.4281
11°	0.1908	0.9816	0.1944	56°	0.8290	0.5592	1.4826
12°	0.2079	0.9781	0.2126	57°	0.8387	0.5446	1.5399
13°	0.2250	0.9744	0.2309	58°	0.8480	0.5299	1.6003
14°	0.2419	0.9703	0.2493	59°	0.8572	0.5150	1.6643
15°	0.2588	0.9659	0.2679	60°	0.8660	0.5000	1.7321
16°	0.2756	0.9613	0.2867	61°	0.8746	0.4848	1.8040
17°	0.2924	0.9563	0.3057	62°	0.8829	0.4695	1.8807
18°	0.3090	0.9511	0.3249	63°	0.8910	0.4540	1.9626
19°	0.3256	0.9455	0.3443	64°	0.8988	0.4384	2.0503
20°	0.3420	0.9397	0.3640	65°	0.9063	0.4226	2.1445
21°	0.3584	0.9336	0.3839	66°	0.9135	0.4067	2.2460
22°	0.3746	0.9272	0.4040	67°	0.9205	0.3907	2.3559
23°	0.3907	0.9205	0.4245	68°	0.9272	0.3746	2.4751
24°	0.4067	0.9135	0.4452	69°	0.9336	0.3584	2.6051
25°	0.4226	0.9063	0.4663	70°	0.9397	0.3420	2.7475
26°	0.4384	0.8988	0.4877	71°	0.9455	0.3256	2.9042
27°	0.4540	0.8910	0.5095	72°	0.9511	0.3090	3.0777
28°	0.4695	0.8829	0.5317	73°	0.9563	0.2924	3.2709
29°	0.4848	0.8746	0.5543	74°	0.9613	0.2756	3.4874
30°	0.5000	0.8660	0.5774	75°	0.9659	0.2588	3.7321
31°	0.5150	0.8572	0.6009	76°	0.9703	0.2419	4.0108
32°	0.5299	0.8480	0.6249	77°	0.9744	0.2250	4.3315
33°	0.5446	0.8387	0.6494	78°	0.9781	0.2079	4.7046
34°	0.5592	0.8290	0.6745	79°	0.9816	0.1908	5.1446
35°	0.5736	0.8192	0.7002	80°	0.9848	0.1736	5.6713
36°	0.5878	0.8090	0.7265	81°	0.9877	0.1564	6.3138
37°	0.6018	0.7986	0.7536	82°	0.9903	0.1392	7.1154
38°	0.6157	0.7880	0.7813	83°	0.9925	0.1219	8.1443
39°	0.6293	0.7771	0.8098	84°	0.9945	0.1045	9.5144
40°	0.6428	0.7660	0.8391	85°	0.9962	0.0872	11.4301
41°	0.6561	0.7547	0.8693	86°	0.9976	0.0698	14.3007
42°	0.6691	0.7431	0.9004	87°	0.9986	0.0523	19.0811
43°	0.6820	0.7314	0.9325	88°	0.9994	0.0349	28.6363
44°	0.6947	0.7193	0.9657	89°	0.9998	0.0175	57.2900
45°	0.7071	0.7071	1.0000	90°	1.0000	0.0000	なし